U0172987

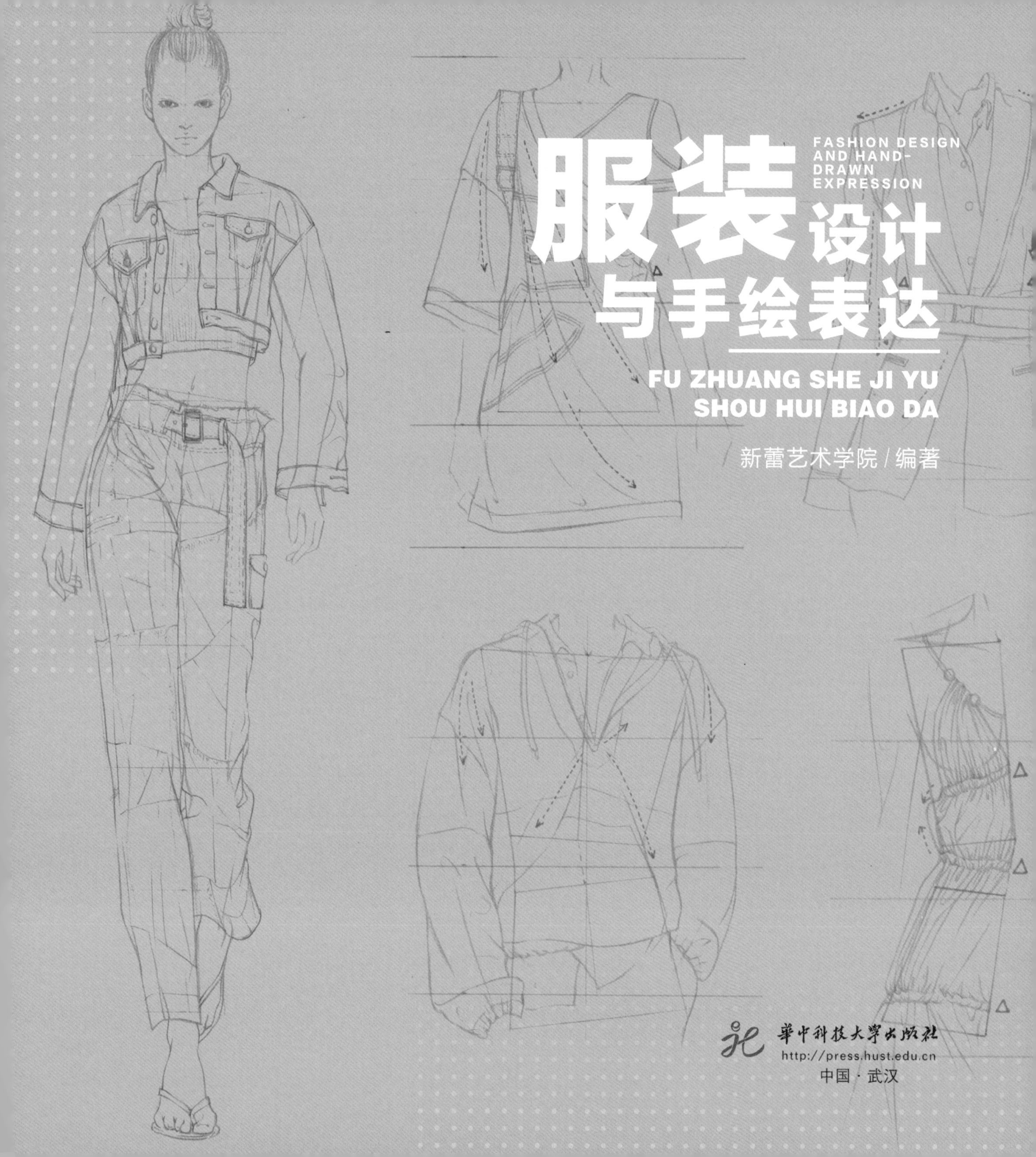

服装设计与手绘表达

FASHION DESIGN AND HAND-DRAWN EXPRESSION

FU ZHUANG SHE JI YU SHOU HUI BIAO DA

新蕾艺术学院 / 编著

華中科技大學出版社
http://press.hust.edu.cn
中国 · 武汉

内容简介

本书有8章内容，第1章为服装设计效果图入门，主要介绍了服装设计效果图的概念、艺术价值和常用工具；第2章为服装设计考研手绘要点，主要介绍了服装设计考研手绘的内容、评分标准、版式设计、真题解析等内容；第3章为服装设计效果图人体表现，主要介绍了人体骨骼、结构、五官、头发、四肢等的手绘表现方法；第4章为服装设计效果图的服装表现，主要介绍了服装与人体之间的关系，以及服装的廓形表达；第5章为服饰单品绘制表现，主要介绍了帽子、首饰、眼镜、围巾、包袋等服饰单品的手绘表现方法；第6章为常见的服装面料表现，主要介绍了牛仔、西装、皮草等12种面料的手绘表现方法；第7章为功能性服装表现技法，主要介绍了职业装、运动装、休闲装等5种服装的手绘表现技法；第8章为常见风格服装表现技法，介绍了迷彩服装、格纹服装、国内外民族风服装等28种风格服装的手绘表现方法。

图书在版编目(CIP)数据

服装设计与手绘表达 / 新蕾艺术学院编著. -- 武汉:华中科技大学出版社, 2024.5
ISBN 978-7-5772-0874-9

Ⅰ.①服… Ⅱ.①新… Ⅲ.①服装设计－绘画技法 Ⅳ.①TS941.28

中国国家版本馆CIP数据核字(2024)第092861号

服装设计与手绘表达　　新蕾艺术学院　编著
FUZHUANG SHEJI YU SHOUHUI BIAODA

出版发行：华中科技大学出版社（中国 · 武汉）　　电话：（027）81321913
武汉市东湖新技术开发区华工科技园
出 版 人：阮海洪　　邮编：430223

策划编辑：简晓思　　责任监印：朱　玢
责任编辑：简晓思　　装帧设计：黄泽安

印　　刷：湖北金港彩印有限公司
开　　本：889mm × 1194mm　1/20
印　　张：10
字　　数：120千字
版　　次：2024年5月第1版第1次印刷
定　　价：79.80元

FOREWORD
前 言

一、服装设计手绘的价值与意义

在时尚的世界中，服装设计手绘扮演着至关重要的角色。它是设计师表达创意、展现个性的独特语言，也是连接设计与生产的关键桥梁。随着时代的变迁，服装设计手绘也在不断地演变，但其在时尚产业中的价值与意义始终未变。服装设计手绘不仅仅是一张纸和一支笔的简单组合，更是设计师内心世界的映射和创意的载体，每一笔、每一划都蕴含着设计师对美的独特理解和追求。这种从无到有的创作过程，使得手绘在设计行业中具有不可替代的价值。

为了充分发挥手绘在服装设计中的作用，设计师需要不断地学习和提高自己的绘画技巧。从基础线条、色彩搭配到构图和细节处理，每一个环节都需要经过反复的实践和摸索。在这个充满变革和机遇的时代，设计师应该不断提高自己的手绘技艺，以应对时尚产业的挑战和机遇。

二、服装设计考研手绘的变革与现状

随着科技的进步和行业的发展，服装设计手绘也在经历着变革。传统的纸上手绘逐渐被数字绘画所取代，但传统的手绘技艺仍然具有不可替代的价值。纸上的笔触能够传达出一种独特的质感和生命力，这是数字绘画难以复制的。因此，对于设计师而言，掌握传统的手绘技艺仍然是非常必要的。

服装设计手绘是服装设计专业研究生入学考试的必考科目，考题来源于生活，涵盖了政治、自然、文化和时事新闻等，考查的内容多变，但考查的形式没有明显变化。目前，服装设计考研有以下两大明显的趋势。

① 服装设计手绘作为服装设计专业研究生入学考试的必考科目，正逐渐转向对系列服装设计的考查，而不仅仅是对单一服装设计效果图的考查。这种变革反映了行业对系列设计思维的重视。服装设计本身是一个系列化的过程，对单一服装的绘制不能完全体现出考生的设计思维能力和对系列服装设计的理解。

② 随着服装设计手绘在研究生入学考试中的重要性日益凸显，其对于考生的要求也在逐步提高。传统的考查方式主要关注应试能力，而现在则更加注重对考生的设计能力和综合素质的考查。以往，手绘表达的好坏是决定服装设计手绘水平高低的关键因素。然而，这种考查方式过度看重考生的手绘表现能力，忽略了考生的设计能力。现在，许多院校开始调整考试要求，将考查重点转向对考生的设计思维和综合素质的评估。

面对这种趋势，考生在备考阶段就需要加强对系列服装设计的训练，提高自己的设计思维能力和手绘技巧。

三、服装设计手绘的学习与复习方法

服装设计手绘在时尚产业中的价值与意义不言而喻。在这个快速变革的时代，设计师应该不断地学习、探索和实践，以保持自己在时尚领域的竞争力。

对于初学者来说，建立正确的、系统的服装设计手绘学习体系至关重要。本书系统地分析了服装设计手绘的基本概念、绘制技巧，并结合大量的实例，全面解析了重点院校服装设计专业研究生入学考试的出题方向、考查重点，为服装设计专业的学生及相关从业人员提供了设计思维与手绘表达学习的参考范本，是服装设计专业考研手绘的必备书籍，也是设计师从业的宝典。希望本书的讲解能够激发大家对服装设计手绘的兴趣和热情，以帮助大家在这条充满创意与激情的道路上不断前行。

新蕾艺术考研 / 邹雨萌
北京服装学院服装艺术与工程学院服装与服饰设计专业
小红书 / 抖音 / 微博：小葵学姐的手绘日记

RECOMMENDATIONS
推荐语

↘

服装手绘是服装设计的基础技能之一，也是服装设计的语言之一。服装设计效果图是从设计图到成衣的起点，天马行空的设计创意可以用手绘来表达，不同的面料、肌理也可以通过不同的手绘方式表达出来。本书由点及面，一步步展开服装手绘教学，同时会训练大家的设计思维能力。本书与其说是一本教辅书，不如说是带大家领略服装设计世界、步入理想院校的钥匙。

…………牛箴言 /
北京服装学院
服装设计与创新专业硕士研究生

这本服装手绘书不仅仅是时尚灵感的集结，更是备考时不可或缺的秘密武器。在创意设计领域，手绘技能是凸显个性和表达独特创意的关键。若想在考试中展示独到见解和专业技巧，手绘作品将成为你独占鳌头的利器。通过深入理解服装手绘的精髓，你将在考试中脱颖而出，展现出对设计艺术的深刻理解和独特视角。这本书不仅是学习手绘技巧的指南，更是提升考试竞争力的不可或缺之物。在考试征程中，让手绘技能成为你与众不同的标志，让你的设计之路赢在闪耀的起点。

…………刘蒙萧 /
北京服装学院
服饰文化设计专业硕士研究生

手绘作为一种传统的艺术表现形式，其价值在于能够将设计思维具象化，将抽象的灵感转化为实在的画面。对于服装设计而言，手绘不仅是一种表达手段，更是一种与心灵对话、与创意相遇的方式。一幅成功的手绘作品，往往能反映出设计师对美的独特追求和对生活的深度理解。本书汇聚了大量的服装设计手绘案例，是学生进行系统学习的宝贵资料。

…………辛正阳 /
伦敦时装学院
男装方向硕士研究生

在信息化时代，很多服装设计师或在校学生往往会忽略手绘的重要性。其实手绘作品具有独特的人文气息和艺术性，能够带给观者独特的审美体验。设计师可以通过手绘表达自己的艺术观点和审美追求，从而让服装作品更有深度和艺术感染力。本书中的服装设计手绘作品可以给予大家很好的参考价值。

…………崔力 /
时尚自媒体博主

手绘是服装设计师必备的基本技能。服装画的风格表现类别很多，例如写实风格、夸张风格、古典风格等，并且这些风格表现并不全是独立存在的，它们通常也表现出相互融合的特性。服装画易受到服装设计、工艺结构、市场趋势等多方面因素的制约，服装设计绘画者必须选择相适应的风格来体现服装画的精髓。本书的主要内容正是基于写实风格来对造型进行概括和提炼，对服装色彩进行选取；在夸张风格的人体与服装部分，则运用一定的夸张艺术手法，使服装的特征更加鲜明；在古典风格的人体与服装部分，则更彰显出整体形象的节奏感和韵律感。

…………刘欢 /

武汉纺织大学

服装与服饰设计专业硕士研究生

在服装设计的世界里，手绘占据着核心的地位。它不仅可以将设计师的创意与构思呈现出来，而且可以将瞬间的灵感转化为具体、可触的设计关键环节。手绘是每位设计师独特风格的体现，通过其独特的线条、色彩和构图，我们可以一窥设计师的审美观念和个性。当设计师面临将灵感转化为实际效果图的挑战时，手绘的价值便得以凸显。本书致力于为手绘初学者提供完整的知识体系，从服装设计的基础知识出发，结合众多优秀的手绘设计案例，为读者提供专业的指导与帮助。

…………张语航 /

威斯敏斯特大学

服装设计管理专业硕士研究生

服装设计手绘是设计师表达创意和构思的重要手段，设计师通过画笔将心中之所想、脑中之所悟转化为具象的图像，以此来激发创意思维，将独特的审美观念融入作品中，形成独具个性的设计风格。此外，手绘对于培养设计师的审美能力和创意思维也具有重要意义，通过不断的练习和尝试，设计师在提高自己手绘技巧的同时，可洞悉时尚圈的潮流趋势，进而更好地把握时尚潮流和消费者需求。本书为服装设计手绘学习者提供丰富的基础知识以及案例参考，对服装设计以及手绘表达手法进行详细的讲解，以期为学生与设计师提供学习及专业上的帮助。

…………高新钰 /

北京服装学院

服装设计与创新专业硕士研究生

设计史作为服装设计的基石，为我们提供了丰富的灵感与知识。而手绘正是连接设计史与现代设计的桥梁。通过手绘，我们可以将古老的传统与现代的创新相结合，创造出既具有历史底蕴又富有现代感的作品。手绘的表现形式多样，可以幻化万千世界，展现出无尽的可能性与创意。本书通过各种服装手绘案例，让学生可以更直观地了解手绘在服装设计中的应用，并从中汲取灵感，为未来的学习和创作奠定坚实的基础。

…………梁馨茹 /

北京服装学院继续教育学院（广州）

中国传统服饰课程讲师

目录

01 服装设计效果图入门

FUZHUANG SHEJI XIAOGUOTU RUMEN

02 服装设计考研手绘要点

FUZHUANG SHEJI KAOYAN SHOUHUI YAODIAN

03 服装设计效果图人体表现

FUZHUANG SHEJI XIAOGUOTU RENTI BIAOXIAN

04 服装设计效果图的服装表现

FUZHUANG SHEJI XIAOGUOTU DE FUZHUANG BIAOXIAN

05 服饰单品绘制表现

FUSHI DANPIN HUIZHI BIAOXIAN

06 常见的服装面料表现

CHANGJIAN DE FUZHUANG MIANLIAO BIAOXIAN

07 功能性服装表现技法
GONGNENGXING FUZHUANG BIAOXIAN JIFA

08 常见风格服装表现技法
CHANGJIAN FENGGE FUZHUANG BIAOXIAN JIFA

FUZHUANG SHEJI XIAOGUOTU RUMEN

服装设计效果图入门

01

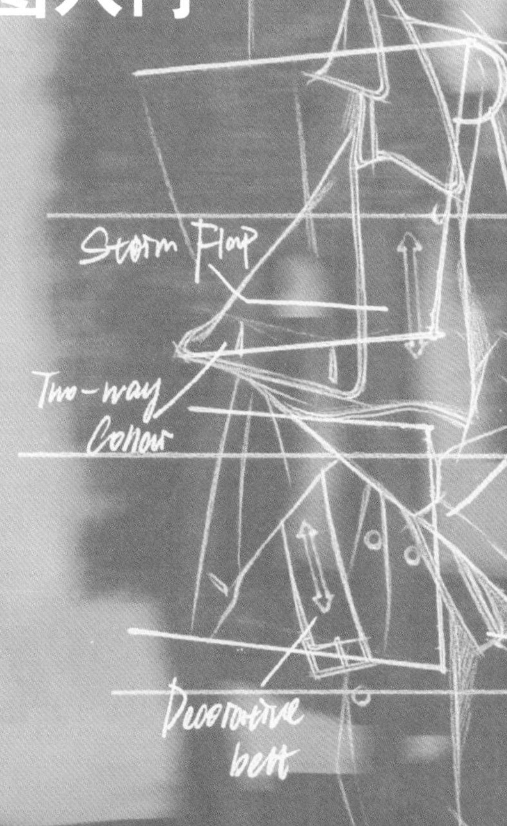

1.1 服装设计效果图简介

图 1-2 服装设计师 Christian Dior 手稿

1.1.1 服装设计效果图的定义及分类

定义

服装设计效果图是一种表现服装设计构想或创意的手法，它主要通过绘画形式来展现服装的款式、色彩、面料、结构等方面的设计理念。简单来说，服装设计效果图是服装设计师用来表现其设计思想的一种视觉形式。

分类

1. 从应用角度分类

① 创意效果图：这种效果图主要用于表达服装设计师的创意和设计理念，常常不受现实约束，充满想象力和艺术感（图 1-1～图 1-4）。服装设计师可以在这种效果图中探索新的设计理念和可能性。

图 1-1 时装插画师 David Downton 作品

图 1-3 Schiaparelli 秀场作品手稿

图 1-4 SCAD MOA LBD 手稿

②商业效果图：这种效果图主要用于展示服装的实际效果（图 1–5），包括服装的款式、色彩、面料等。它是向客户展示服装设计师的设计理念和吸引投资的重要工具。

③ 结构图：这种效果图主要用于展示服装的结构和细节设计（图 1–6）。结构图通常会详细描绘服装的各个部分，包括缝纫方法、纽扣位置等。

④ 制作图：这种效果图主要用于指导服装的制作过程（图 1–7）。制作图通常会详细标注服装的材料、尺寸、颜色等重要信息，以便生产人员理解并执行服装设计师的设计意图。

图 1–6 结构图

图 1–5 商业效果图

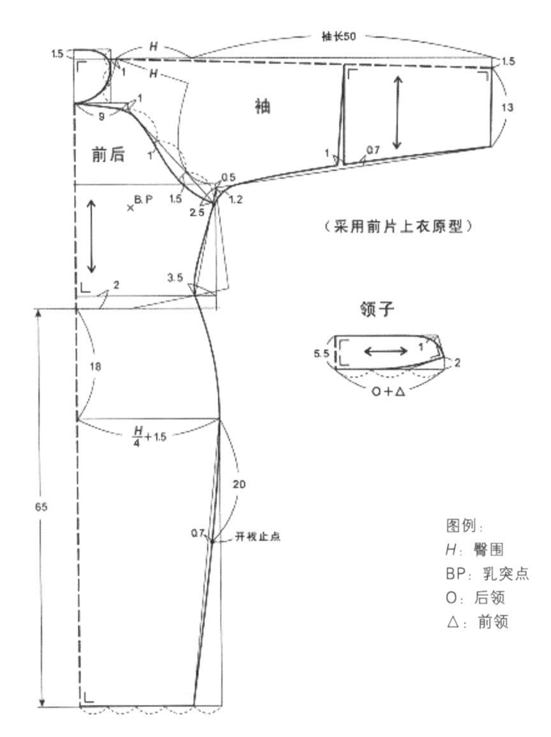

图 1–7 制作图

⑤ 系列效果图：这种效果图是一系列服装设计效果图的组合，通常用于展示一个完整的设计系列（图1-8）。每个单品的效果图都应包括正面、背面和侧面的视图。

图1-8 系列效果图

⑥ 面料纹理效果图：这种效果图主要用于展示面料的特点和纹理（图1-9）。服装设计师可以通过对面料的选择和搭配来改变服装的整体风格和质感。

图1-9 面料纹理效果图

⑦ 效果展示图：这种效果图主要用于展示服装在特定场景下的效果（图 1–10），如模特在 T 台上走秀的场景，人们在日常生活中穿着某种服装的场景，等等。

图 1–10 效果展示图

2. 从考研角度分类

① 具象型服装设计效果图：一般具象型服装设计效果图采用 8~8.5 个头身比例的服装人体进行绘制，这样绘制出来的服装穿着效果会比较符合客观实际。

② 艺术型服装设计效果图：一般艺术型服装设计效果图采用 9~12 个头身比例的服装人体进行绘制，体现艺术效果和艺术风格，在辅助造型上或作渲染，或作虚笔，是具有深刻内涵的一类效果图。

图 1–11 从左到右依次为 8、8.5、9、10 个头身比例图。

1.1.2 学习绘制服装设计效果图的途径

学习绘制服装设计效果图的途径有很多种，以下是一些可供参考的方法。

① 找寻优秀的教材或在线教程：通过阅读权威教材或学习在线教程，了解绘制服装设计效果图的基本原理和技巧，建立扎实的知识基础。

② 研究优秀的设计作品：关注时尚秀场、专业博客、时尚杂志等，学习最新的设计趋势和时尚元素，同时参考其他服装设计师的作品，学习他们的设计思路和技巧。

③ 实践手绘技巧：通过绘制服装设计效果图来锻炼自己的手绘技巧和表达能力，可以从简单的服装款式开始，逐步挑战难度较大的设计。

④ 参加专业课程班或工作坊：参加由经验丰富的服装设计师或专业机构开设的专业课程班或工作坊，获得深入学习和实践的机会。

⑤ 观看教学视频：通过观看具有详细步骤的教学视频进行学习。

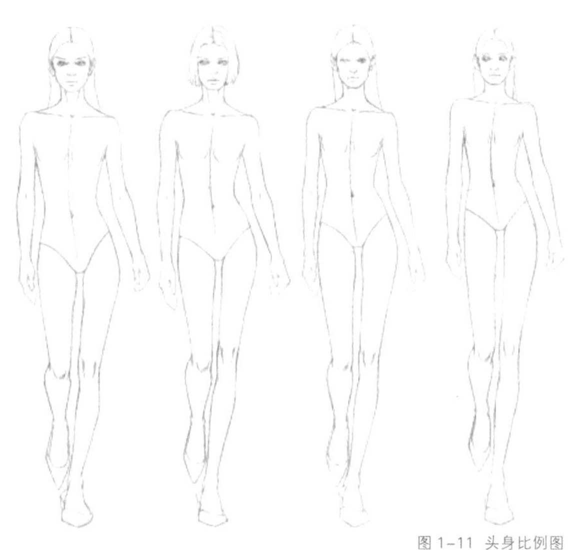

图 1–11 头身比例图

1.2 服装设计效果图的艺术价值

服装设计效果图具有独特的艺术价值。

首先，服装设计效果图是一种艺术作品。服装设计师通过绘画形式将服装的设计理念、创意和美学融入画面中，以直观的方式展现出服装的款式、色彩、面料等设计元素。这种艺术形式不仅具有审美价值，还能够激发人们的想象力和创造力（图 1–12~ 图 1–15）。

图 1–14 服装设计师 Christian Dior 作品

图 1–12 服装设计师 Antonio Berardi 作品

图 1–13 服装设计师 Fendi 作品

图 1–15 服装设计师 Christian Dior 作品

其次，服装设计效果图在服装制造过程中具有重要的指导作用。服装设计师通过绘制效果图可以更准确地表达自己的设计思想，展示服装的整体风格和细节要求，这有助于生产人员理解服装设计师的意图，从而准确地制作出符合设计要求的服装。

最后，服装设计效果图还具有商业价值。在时尚产业中，服装设计师通常需要向客户展示他们的设计作品，以吸引客户的投资和订单。效果图作为一种直观的表现形式，可以有效地传达服装设计师的设计理念和创意，帮助客户更好地理解服装设计师的意图和期望。

总之，服装设计效果图作为一种独特的艺术作品，不仅具有审美价值，还能够指导生产和商业应用。它们是服装设计师展示创意、传达设计思想的重要工具，也是时尚产业中不可或缺的一部分（图 1–16、图 1–17）。

图 1–16 服装设计师张肇达作品

图 1–17 服装插画师 David Downton 作品

1.3 服装设计效果图绘制常用工具

1.3.1 起稿工具

铅笔

铅笔绘制出来的线条表现力非常丰富，可以通过不同的力度、角度和线条叠加来表现出不同的质感和层次。

铅笔画的风格非常多样，可以根据个人喜好和风格进行创作，展现出独特的艺术魅力。

橡皮

美术专用橡皮有 2B、4B、6B 等型号。在绘制效果图出错的时候，就可以使用橡皮来更改。

自动铅笔

我们在使用自动铅笔进行绘制的时候，可以选择不同粗细的铅芯来适应自己的画面。从绘制线条的角度来说，自动铅笔和铅笔在线条表现力方面有所不同。自动铅笔的线条表现力相对比较单一，一般用来绘制比较规整的线条。

可塑橡皮

可塑橡皮能够随意改变形状，在修改的过程中不易损害纸的表面，因此是起稿阶段不错的修改工具。由于可塑橡皮材质偏软，修改不会非常彻底，所以把可塑橡皮揉扁之后可以用作减淡工具，提亮画得过重的地方而不会破坏原先的细节。

直尺

直尺在服装设计效果图绘制中只是起辅助作用，用来绘制中心线并分出头身。对于初学者来说，中心线非常重要，要使用直尺保持中心线垂直。

1.3.2 勾线工具

彩色勾线笔

彩色勾线笔是一种非常灵活且具有创造性的绘图工具，它可以勾勒出各种颜色和风格的线条。与黑色勾线笔相比，彩色勾线笔可以为作品增添更多的色彩，让画面更生动。使用彩色勾线笔可以创造出各种图案、线条和纹理。

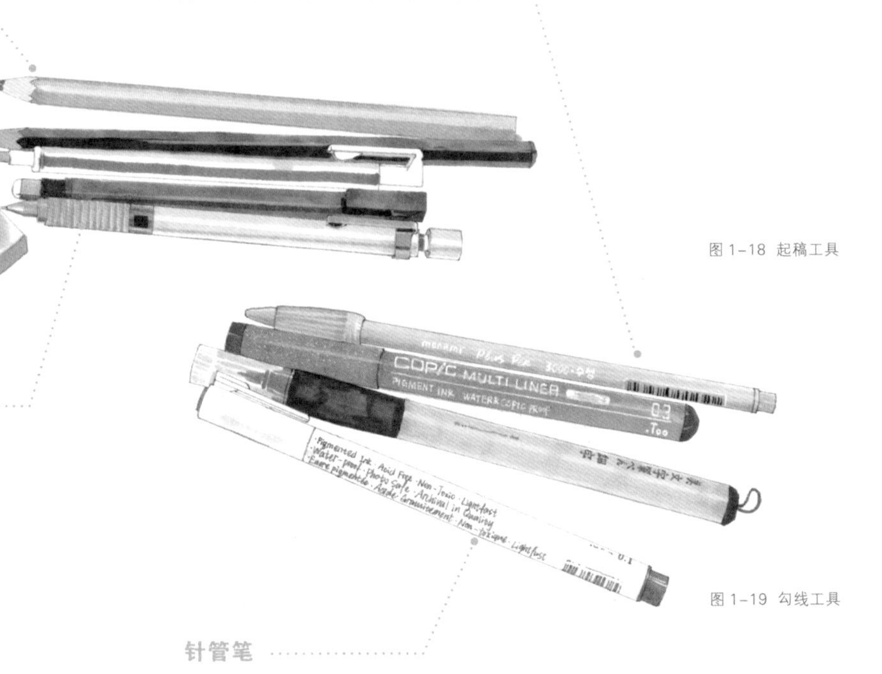

图 1-18 起稿工具

图 1-19 勾线工具

针管笔

针管笔笔头粗细不同，从 0.1mm 到 2.0mm 不等。在设计制图中至少应备有细、中、粗三种不同的针管笔。在绘制的时候注意用笔要轻一些，防止笔尖缩进笔头里。

秀丽笔

秀丽笔是一款书法笔，其出墨均匀，不漏墨，墨色明亮，书写流畅、自然，适合书写小楷、签名、绘画，是广大书法、艺术爱好者常用的笔种之一。

1.3.3 上色工具

马克笔

马克笔一般为双头，一头为小头，一头为大头，可画出变化不大、较粗的线条。箱头笔为马克笔的一种。马克笔还可分为水性马克笔和油性马克笔。

水性马克笔：这种马克笔的颜色亮丽、有透明感，但多次叠加后颜色会变灰，而且容易损伤纸面。其墨水具有挥发性，应于通风良好处使用，使用完需要盖紧笔帽，要远离火源并防止日晒。

油性马克笔：这种马克笔墨水的主要成分是甲醇、颜料和变性酒精，具有防水、快干、易叠色、不易让纸张起球、不易晕开、混色效果好、颜色饱和度高、上色均匀、笔触痕迹少等特点。

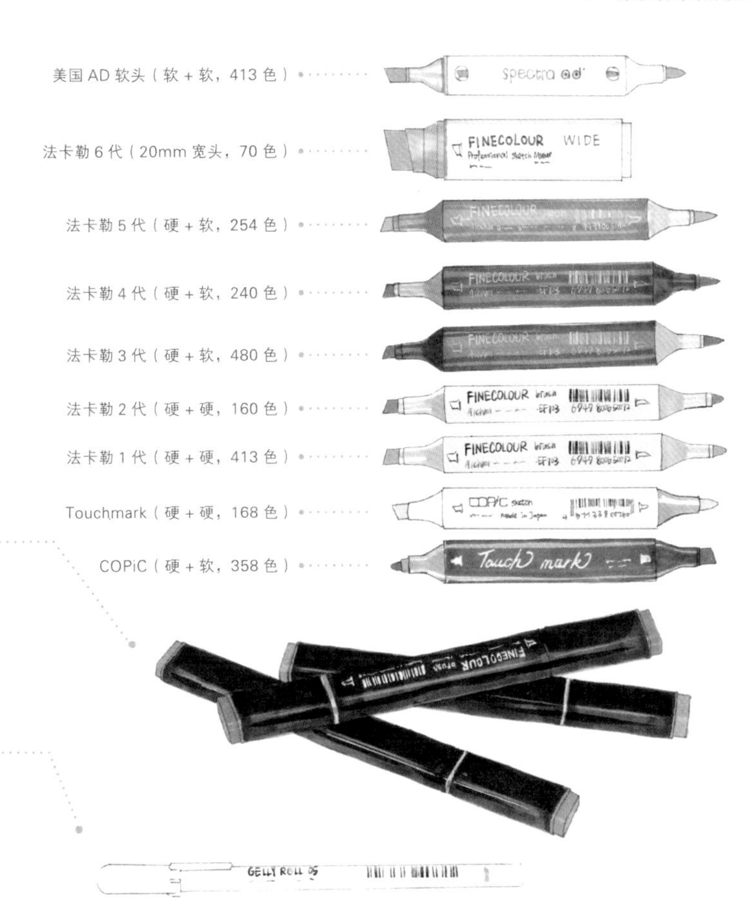

高光笔

高光笔的笔头是金属细针，一般有 0.5mm、0.8mm、1.0mm 三种规格，有金、银、白三种颜色。市面上有很多品牌的高光笔，以日本樱花牌的最为畅销，但是好用的高光笔还是需要大家去不断尝试后才能选出来。

水彩颜料

水彩颜料按照不同特性，主要有两大分类方式。

一种是按其透明性，水彩颜料可以分为透明水彩和不透明水彩。透明水彩的透明度高，色彩重叠时，下面的颜色会透上来，色彩鲜艳度不如彩色墨水，但着色较深，适合喜欢古雅色调的人，即使长期保存也不易变色。不透明水彩则相反，可以用于较厚的着色，大面积上色时不会出现不均匀的现象。

另一种是按其制作工艺，水彩颜料可以分为干水彩颜料、湿水彩颜料、管装膏状水彩颜料以及瓶装液体水彩颜料。

彩色铅笔

彩色铅笔分为非水溶性彩色铅笔和水溶性彩色铅笔两种。非水溶性彩色铅笔颜色鲜艳；水溶性彩色铅笔颜色柔和，蘸水后可以表现出水彩的效果。彩色铅笔可以作为起稿工具，亦可以深入刻画细部，细腻地表现物体，使画面具有层次感，还可以配合马克笔来使用。常见的彩色铅笔品牌有辉柏嘉、施德楼等。

图 1-20 上色工具

1.3.4 其他工具

画纸

肯特纸：纸张颜色偏黄，不像一般纸雪白雪白的，这种纸能保护眼睛。纸面光滑，好着墨，擦试时也不容易起毛。缺点是墨水在纸上不容易干。大家平时练习线稿的时候可以使用这种纸，因为其纸张厚实，所以易于保存，不易折。

马克笔纸：一种纸面平滑、无纹理的纸张，适合用马克笔平铺、重叠、晕染过渡等，同时不会损伤马克笔的纤维笔头。这种纸比普通纸要专业，颜色在纸上不容易扩散，可以更好地展现色彩效果。

素描纸：一种专门用于素描的纸张。纸质较厚，不容易破损或者起毛，能够承受多次涂抹和修改。纹理细腻，能够表现出铅笔或者炭笔绘制的细腻线条和阴影效果。吸水性适中，不会让铅笔或者炭笔绘制的线条过于扩散或者模糊，同时也能够承受一定程度的涂抹和混色。

水彩纸：一种专门用来画水彩画的纸张，它的吸水性比一般纸要强，磅数较高，纸面的纤维韧性较强，不易因重复涂抹而破损、起毛。

画板

如果大家绘制的效果图尺寸超过了 A4 尺寸，就可以借助画板来进行绘制，因为将大幅纸张放在桌面上绘画时，画面很容易因透视关系而发生变形。

画册

可以准备两个尺寸的画册，方便保存自己的作品。

马克笔色卡

制作马克笔色卡时，首先选择常用的纸张，例如马克笔纸、肯特纸等，然后用铅笔在纸上画好方格，接着用马克笔从深到浅在方格上涂色，最后用铅笔或针管笔在每个方格的左上角写上马克笔的编号或字母，以方便后续查找和使用。

马克笔色卡是一种方便、实用、高效的工具，可以帮助绘画爱好者更好地管理和使用不同颜色的马克笔，提高绘画效率和作品质量。

图 1-21 马克笔色卡

FUZHUANG SHEJI KAOYAN SHOUHUI YAODIAN

服装设计考研手绘要点

02

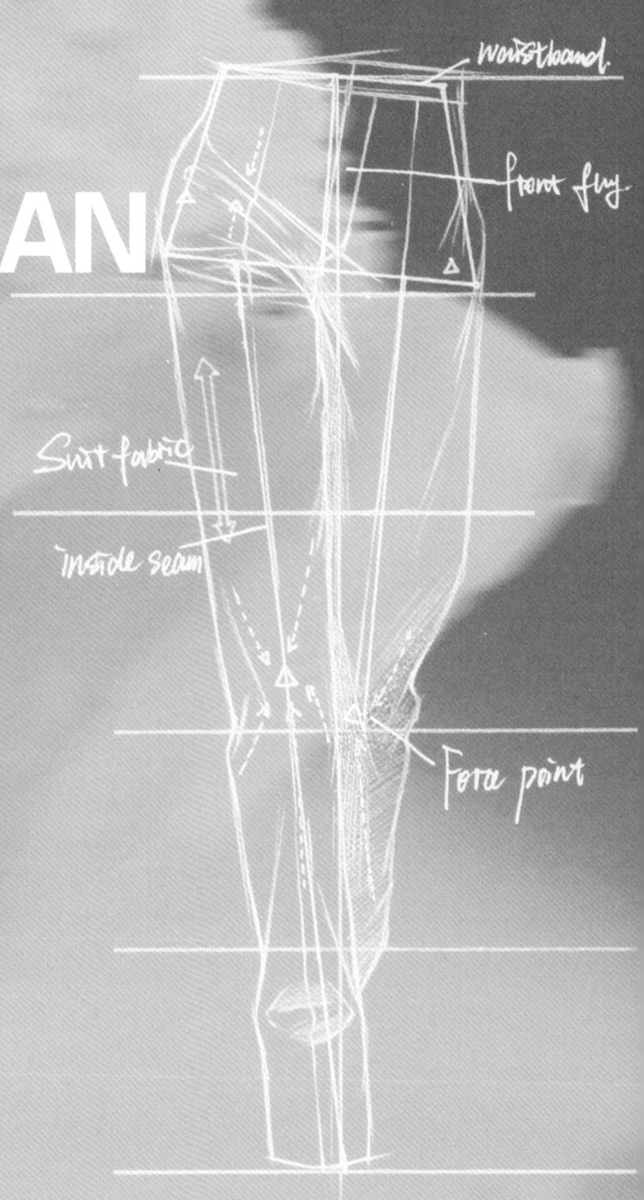

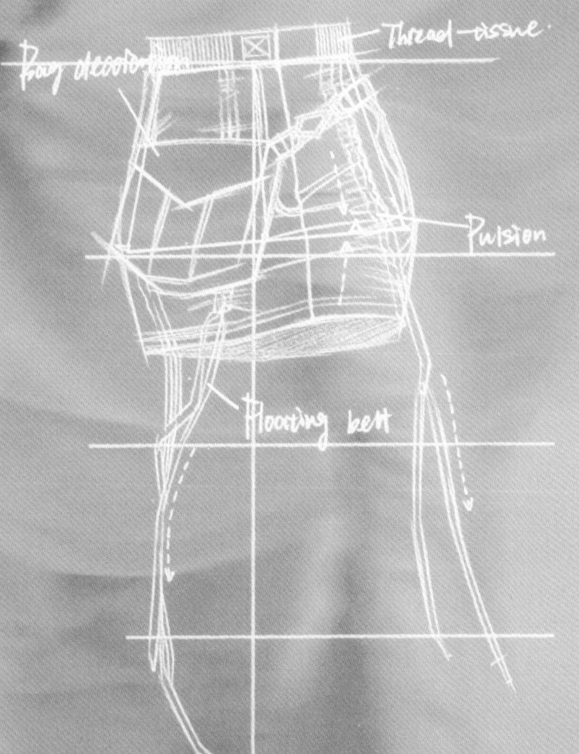

2.1 服装设计考研手绘内容

2.1.1 服装设计效果图

绘制好服装设计效果图的要点如下。

掌握基础绘画技能

在绘制服装设计效果图之前，需要掌握基础的人体绘画技能，包括人体比例、肌肉线条和轮廓线条的绘制方法等。此外，还需要掌握基本的服装款式图和服装结构图的绘画技能。

熟悉服装材料和特性

在绘制服装设计效果图之前，需要了解不同服装材料的特性和表现方式，如丝绸、棉麻、蕾丝、合成纤维等材料。在绘制服装设计效果图时，需要注意不同材料的质感和表现方式，使得绘画效果更加真实和生动。

注重细节表现

在绘制服装设计效果图时，需要注意细节的表现，如纽扣、口袋、领口、颡道等细节的处理方式，以及服装线条的流畅性和自然性。细节的表现能够使服装设计效果图更加生动、立体。

注意色彩搭配

色彩是服装的重要元素之一，在绘制服装设计效果图时，需要注意色彩的搭配和运用。可以根据不同的主题和风格选择合适的颜色搭配，同时需要注意色彩的对比度和饱和度，使得绘画效果更加和谐、醒目。

培养创意思维能力

创意思维能力是绘制好服装设计效果图的重要因素之一。大家可以尝试不同的绘画风格和表现方式，培养自己的创意灵感和设计思维。同时，可以多参考一些优秀的服装设计作品，拓宽自己的设计思路。在考研过程中避免自己的画风与较热门的画风一致，造成得分不高。

多加练习

实践是提高绘画技能的重要途径。大家需要多加练习，熟悉各种绘画工具和材料的运用，提高自己的绘画熟练度和速度。同时，需要得到及时的反馈和指导，以便及时纠正错误的地方，不断提高自己的绘画水平。

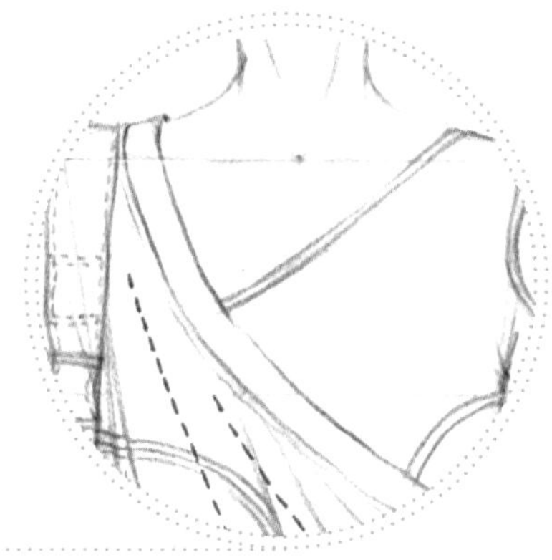

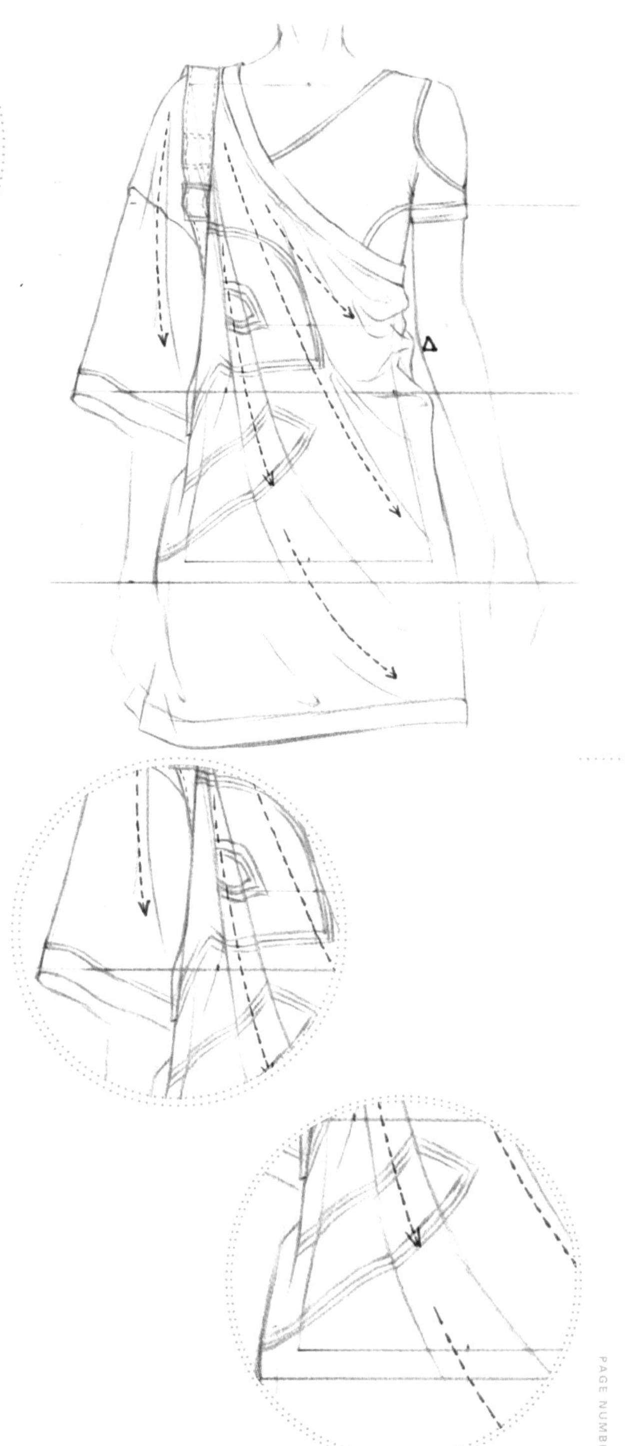

2.1.2 服装设计款式图

绘制好服装设计款式图的要点如下。

了解服装的基本结构

在绘制服装设计款式图前，需要了解服装的基本结构，包括衣领、袖口、口袋等细节部位。不同款式的服装，其结构会有所不同，因此需要认真研究并掌握有关服装结构的知识。比如，旗袍在基本款的基础上，可以改变领子、门襟、袖子、分割线、下摆、开衩、褶皱、工艺、图案等。

注意线条的流畅性

在绘制服装设计款式图时，需要注意线条的流畅性和自然性，避免出现生硬或不自然的线条，这会影响款式图的整体美观度。外轮廓的线条可以粗一些、重一些，内结构的线条可以细一些、轻一些。

注意细节的表现

在绘制服装设计款式图时，需要注意细节的表现，如纽扣、口袋、领口、褶道等的处理方式。细节能够表现出考生对服装结构是否了解。

注意材料和质感

在绘制服装设计款式图时，需要注意不同材料和质感的表现方式。可以根据不同的材料选择不同的绘画方法，使得服装款式图更加真实、生动。

注意比例关系

在绘制服装设计款式图时，需要注意比例关系，使得服装各部分的比例协调。这一点可以通过测量实际服装或者参考图片等方式来掌握。

多加练习

实践是提高绘画技能的重要途径。大家平时可以多加练习，提高自己的绘画熟练度和速度。

2.2 服装设计考研手绘评分标准

在考研手绘中，除了绘画技能，还需要注意以下几点。

2.2.1 点题

在绘画前需要仔细阅读题目要求，根据题目要求进行绘画。点题可以帮助你明确自己的设计主题和意图，让阅卷老师能够更好地理解你的设计思路。通过明确的主题和意图，阅卷老师可以更好地评估你的设计能力和创意水平。如果在试卷中没有点题，那么阅卷老师可以直接判定这张试卷是跑题卷，分数会很低。

2.2.2 人体动态

人体动态决定了整幅画面的协调性，有准确的人体动态才能在其基础上去绘制服装设计效果图。

首先，人体动态直接影响服装的表现效果。人体动态绘制不当，会使得服装设计效果图看起来不协调，甚至影响整个设计的效果。

其次，人体动态还可能影响服装的质感和材料表现。例如，行走的人体更容易表现一些轻盈、柔软的服装材料，如薄纱、丝绸等；而静态的人体则更适合表现一些厚重、硬朗的服装材料，如皮革、牛仔等。服装也会随着人体动作而产生动态褶皱。这些都是要在绘画之前思考的问题。

最后，人体动态的选择还可能影响整体画面的节奏感和视觉效果。如果考生绘画水平比较高，有良好的基础，可以尝试绘制动作比较大的模特，这样可以更好地展现服装，让自己的作品脱颖而出。

2.2.3 服装塑造

除了人体，重中之重就是服装塑造了。服装设计考研手绘除了考查考生的手绘能力，更重要的是考查考生的设计能力。服装塑造可以让阅卷老师更好地了解考生的设计风格，同时可以展示出服装的细节和质感，让阅卷老师能够更加直观地感受到服装设计的效果。服装塑造还可以帮助考生传达自己的设计理念和情感。每位考生都有自己的设计风格和特点，通过合理的服装塑造，考生可以传达出自己的设计理念和情感，让阅卷老师更好地理解自己的设计意图和创意能力。

2.2.4 设计配色

首先，设计配色可以增强设计的视觉冲击力。通过选择不同的色彩搭配，可以突出不同的设计主题。其次，设计配色可以表达设计的主题和情感。每种颜色都有自己的象征意义，通过选择与主题相符的颜色，可以让人们更好地理解设计师的设计意图和情感表达。最后，设计配色还可以提高整个设计的质量和水平。合理的配色方案，可以让整个设计看起来更加协调、美观和有层次感。因此设计配色在服装设计效果图中十分重要。

2.3
服装设计考研手绘卷面排版

首先，画面排版可以帮助设计师更好地安排和组织设计元素，让整幅设计图看起来更加整洁、有序和美观。如果画面排版混乱、无序，会使得整幅设计图看起来不协调，影响整体的视觉效果。其次，画面排版还可以突出设计的重点和主题。合理的排版，可以将观众的视线引导到设计师想要表达的重点和主题上，从而更好地传递设计信息。此外，画面排版还可以提高设计的品质和档次。合理的排版，可以让整幅设计图看起来更加高级、有品质，从而更好地吸引观众的注意力。在服装设计效果图中，排版主要是将效果图和款式图进行排列，如果时间充裕，还可以增加服装面料细节图和纹样细节图等。

大部分院校考查的人物是一人或者是两人组合，并且要求附上款式图和设计说明，如图 2–1 所示。在排版上要先分清每个区域画什么，如果在画之前没有考虑清楚排版，就很容易出现人物画偏、款式图和设计说明没有地方摆放的情况。在时间充裕的情况下要去绘制更多的内容，这样卷面的排版更丰富，绘制的细节多，阅卷老师更容易理解这张卷面的设计点。

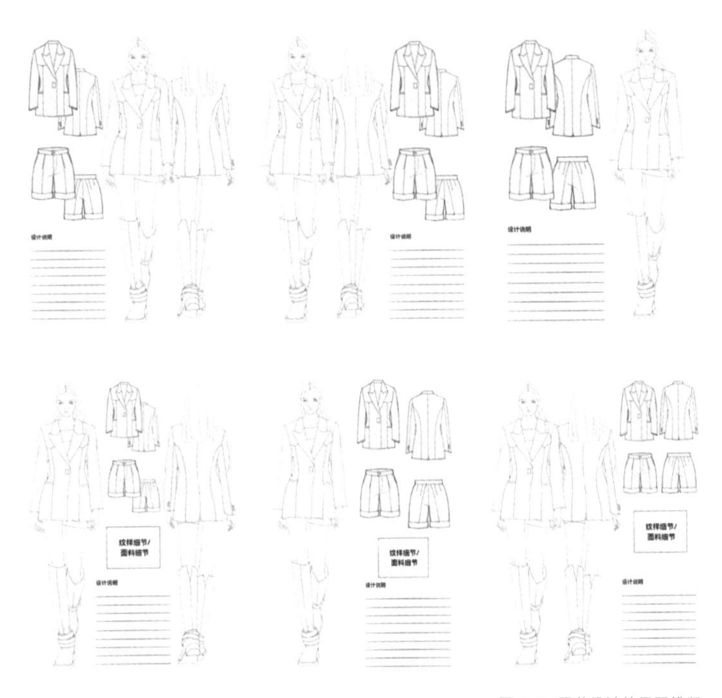

图 2–1 服装设计效果图排版

以下是服装设计效果图排版的三个错误示范（图 2–2）。

① 服装设计效果图和款式图的大小相差太大。效果图太大、款式图太小，会让人忽略款式图的存在。在部分院校的考试中，款式图也是得分点，并且阅卷老师会借助款式图看考生对服装结构的理解。

② 效果图位置太靠中间，导致左侧排版比较满，右侧排版太空，这样画面空间会失衡。要将人物往右侧平移一下，这样排版会更协调。

③ 款式图绘制得太大、太抢眼，导致画面没有重心，阅卷老师不知道到底该看哪里。如果款式图绘制得特别好，可能影响不大；如果款式图绘制得很糟糕，就会暴露自己的短板，直接拉低分数。

效果图和款式图的大小相差太大

效果图位置太靠中间

款式图绘制得太大、太抢眼

图 2–2 服装设计效果图排版错误示范

2.4 艺术类院校服装设计专业真题解析

清华大学 2023 年研究生入学考试初试手绘真题

专业：服装设计（学硕）

以“师法自然”为主题，以自然为灵感，体现生态环保的理念。

要求：① A2 纸张，横竖不限；②方案草图不少于 3 个，选择其中 1 个方案进行深化设计，并根据该设计写设计方案，包括但不限于研究调查、最终效果展示等（不超过 500 字）。

1. 真题解析

“师法自然”就是处事要顺从自然规律，主要是顺从物竞天择、适者生存的规律。清华大学 2023 年的服装设计专业研究生入学考试初试手绘真题就是考查考生对于自然环保理念的思考与设计能力。将生态环保作为灵感来源是基本点，大家可以进行思维发散，从一个小点延伸出更多的设计点，注意不要偏离生态环保这个理念。

2. 解题思路

看到生态环保理念，大家可以以环保的服装面料、有关环保的服装纹样、服装解构方式（环保制作方式）等作为切入点进行设计。大家不要局限于题目中的“师法自然”，并且要注意方案草图一定不能少于 3 个，并且要选择其中 1 个进行深化设计。系列设计要注意色彩的搭配和廓形设计。

清华大学 2023 年研究生入学考试初试手绘真题

专业：服装设计（专硕）

以“共生”为主题，理解事物之间相互竞争、相互依存的关系。

要求：图文并茂，方案草图不少于 3 个，选择其中 1 个方案进行深化设计，包括但不限于推导过程、最终效果表达、文字说明等。

1. 真题解析

“共生”主题主要考查的是考生对于万事万物相互竞争、互相依存的辩证关系的理解。此题还要求图文并茂，可以看出清华大学不仅注重对考生手绘功底的考查，还注重对考生设计思路及设计逻辑的考查。这也提醒了未来的考生，在提升手绘能力的同时也要注重提升自己的设计思维表达能力。

2. 解题思路

提到共生，大家不要把思维局限于“自然”这一主题上，其实还有“多元文化”共生，就像外国设计师采用中国元素进行服装设计，汉代出土的文物上展现了西域服饰华丽夸张、美艳绝伦的特点等，我们也可以采用中国传统设计手法对外国元素进行设计。“传统与现在”也可以作为共生的主题，在弘扬传统文化的同时也可以采用未来派技术进行服装设计；甚至不同的艺术流派可以很和谐地“共生”，现在很多艺术家会进行跨界合作，这也是很好的“共生”思路。

清华大学 2024 年研究生入学考试初试手绘真题

专业：服装设计（学硕）

请以“向往的未来”为主题，对你认为理想的、可持续的未来生活方式进行猜想、描绘。

要求：①在 1 张 A2 纸上表现不少于 3 个方案草图，并选择其中 1 个进行深入表达；②不限于研究过程、效果图、文字阐述；③设计说明文字不少于 500 字。

1. 真题解析

与往年的一些考题，如“共生”“长信宫灯”“大道至简，少即是多”相比，2024 年的考题明显降低了难度，并且它为考生的思维发散提供了更为广阔的空间。

2. 解题思路

题目中明确说明了要表现可持续的未来生活方式。可持续的未来生活方式的灵感来源有很多，如自然元素（模仿自然纹理和颜色）、环保材料（使用环保材料，如有机棉、麻、竹纤维）、传统工艺和手工艺（如编织、刺绣、印染等）、回收和再利用（将废旧物料回收再利用，或者将旧服装改造翻新）、科技（利用先进的纺织技术创造出具有特殊性能的服装）等。

清华大学 2024 年研究生入学考试初试手绘真题

专业：服装设计（专硕）

请以“未来家庭”为主题，发挥想象，对未来生活方式进行预测、猜想。

要求：①在 1 张 A2 纸上表现至少 5 个方案草图，并选择其中 1 个进行深入表达；②不限于研究过程、效果图、文字阐述；③配以文字说明，字数不限。

1. 真题解析

清华大学服装设计专业 2024 年的学硕和专硕初试手绘真题呈现出高度的相似性，这为我们提供了一个明确的导向——题目本身是思考与拓展的核心，这进一步凸显了清华大学在选拔人才过程中更加注重其设计思维能力和手绘表达技巧。

2. 解题思路

“未来家庭”主题提供了一个宽广的设计舞台。除了传统的服装面料、廓形和高新技术，我们还可以从多个新颖的角度寻找灵感。例如，关注心理健康问题可以启发我们设计出具有治愈和舒缓效果的服装，帮助家庭成员减轻压力和缓解焦虑。这种设计可以运用柔和的色彩、舒适的质地和温暖的触感来营造宁静和放松的氛围。避世主义可以为服装设计提供一种回归自然和简约的灵感。这种设计强调天然材料的质朴之美，注重服装的实用性和舒适性，让家庭成员在忙碌的生活中感受到一份安宁。超现实主义可以通过奇特的造型和梦幻的色彩创造出令人惊叹的视觉效果。未来主义风格则可以展现出科技与时尚的完美结合，引领家庭成员进入一个充满无限可能和惊喜的未来世界。总而言之，“未来家庭”主题的服装设计可以跨越传统的思维框架，从多个角度挖掘灵感，创造出一系列独特而富有意义的作品。

北京服装学院2023年研究生入学考试初试手绘真题

专业：服装设计

以“运动时尚”为主题，设计一套女装，画出正面和背面效果图。

要求：用200字左右的文字描述设计风格、装饰手法、材料特点等。

1. 真题解析

近年来，体育运动的普及正改变着消费者的生活习惯，功能性强且时尚的运动服饰越来越受到人们的青睐。青年文化、街头时尚与各类体育运动紧密相连，使得当下运动装与时装的边界愈发模糊。本题其实就是考查大家对于服装色彩搭配和款式的设计，即如何在运动服饰中融入具有先锋代表性的时尚DNA。

2. 解题思路

运动装并不局限于跑步服，其种类丰富多元。运动种类涵盖高空跳伞、电子竞技、滑板、网球……相关服装都能呈现在我们的卷面上。在面料上，我们可以去表现高新技术面料，为运动提供更多便利；在色彩上，我们可以适当放弃耐脏的颜色，尝试一些撞色、拼色等亮眼的配色方案。

北京服装学院2024年研究生入学考试初试手绘真题

专业：服装设计

以“时尚晚宴”为主题设计一套效果图，画出正面效果图和背面效果图。

要求：①画具不限、风格不限；②配100字以内的设计说明，要求写出设计风格、设计目的、装饰元素等；③用单线画出款式图的前、后外观图；④可画出局部细节放大图。

1. 真题解析

虽然考题没有明确限定款式为裙装，但根据考题要求和历年的考查重点，裙装是考生的首选设计。原因有二：一是裙装更能凸显女性的优雅与魅力，与时尚晚宴的氛围更为契合；二是从历年的考题中我们可以看出，对于裙装的考查是北京服装学院的考查重点之一。我们也可以给时尚晚宴限定主题，并根据主题去设计服装，而不是单纯地去围绕考题的表面要求来绘制。

2. 解题思路

以“时尚晚宴”为主题设计一款服装，可以从多个方面寻找灵感。虽然首先想到的是礼服裙，但我们可以给“时尚晚宴”限定一个主题。比如“说唱冠军歌手”的庆功时尚晚宴，那么可以设计的服装就不仅仅是晚礼服了，还可以是时尚的休闲装。像这样给考题限定主题，可以用在各个院校的设计类手绘考试中，只要在设计说明中写清楚即可。

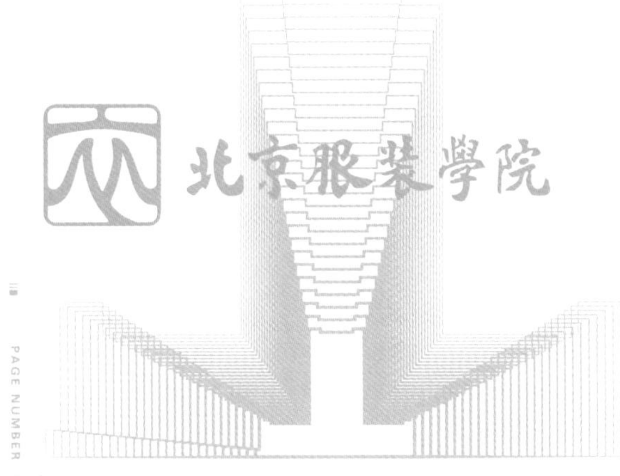

中央民族大学 2023 年研究生入学考试初试手绘真题

专业：服装设计

以中国传统建筑榫卯结构为灵感来源，设计秋冬休闲女装一套。

要求：①画纸为 4 开素描纸；②纸张正面画彩色效果图并撰写设计说明；③请在答题纸的红框内填写准考证号及姓名；④横、竖构图均可，红框必须在右侧。

---

1. 真题解析

榫卯结构是中国传统木建筑、家具及其他器械常用的结构，其采用将两个构件上凹凸部位相结合的连接方式。凸出部分叫榫，凹进部分叫卯。榫卯是一种连接方式，它的特点是不需要使用钉子，而是利用榫和卯去加固物件。

2. 解题思路

我们可以从几个方面入手解题：一是可以从榫卯结构不需要钉子而利用卯榫去加固物件的特点提炼出“环保”理念，可以从服装结构入手，也可以从服装纹样入手去进行设计；二是如果比较了解榫卯结构，可以从廓形入手进行服装设计，同时也可以根据榫卯的颜色进行服装配色设计；三是借鉴榫卯结构的智慧，进行服装结构的设计……大家不需要太过于在意“榫卯结构”这个字眼，觉得自己对榫卯结构理解不深刻就不敢去进行服装设计，其实只要在服装设计中体现榫卯结构元素就可以了。

中央民族大学 2024 年研究生入学考试初试手绘真题

专业：服装设计

服装设计效果图：以“北京的雪”为灵感，设计一款有科技元素的女装。

服装速写：照片写生，叉腰站着的、穿着民族服饰的女人（银饰头冠、民族百褶短裙）。

要求：①画纸为 4 开素描纸；②纸张正面画彩色效果图并撰写设计说明；③请在答题纸的红框内填写准考证号及姓名；④横、竖构图均可，红框必须在右侧。

---

1. 真题解析

服装设计效果图考题未限定范围，而速写考题也未要求默写。只要在备考过程中熟练掌握了核心知识点和练习了主题纹样的绘制技巧，足以应对考试并获得高分。关于男装、女装的考查，目前没有固定的规律可循。因此，大家应进行有针对性的练习，以避免在考试中出现无法应对的情况。

2. 解题思路

面对服装设计效果图考题时，要迅速回想自己练习过的各类服装，从中筛选出自己最擅长、点题的作品。要聚焦于色调的搭配，以契合“北京的雪”这一主题。如果想稳中求进的话，建议使用冷色调的色彩组合，营造出冬季的感觉。在确定服装的基本款式后，深入思考如何巧妙地将有关“北京的雪”的元素融入设计中。可以从配色的角度创新，也可以在款式和纹样上进行更具突破性的设计。

北京工业大学 2023 年研究生入学考试初试手绘真题

专业：服装设计

以“可持续”为主题，根据所学专业方向进行创作，内容、题材不限。

1. 真题解析

“可持续”是近年来的热门话题，各行各业都已经开始注重可持续发展。可持续发展是指既满足当代人的需要，又不对后代人满足其需要的能力构成危害的发展。但是可持续发展不能被局限于环境保护，环境保护只是可持续发展的重要方面。可持续发展的核心是发展，要求在严格控制人口、提高人口素质和保护环境、资源永续利用的前提下促进经济和社会的发展。

2. 解题思路

可持续涉及自然、社会、经济、科技、政治等诸多方面，对可持续思考的角度不同， 对可持续所作的定义也就不同。从自然角度出发，可以考虑应用可降解面料，或者从服装制作环节入手，采用零缝纫的形式进行服装制作；从环境角度出发，可以考虑从纹样及服装色彩搭配入手，或者限定人物的职业，这样可以将比较大的设计点缩小，解题思路会更清晰。

武汉纺织大学 2024 年研究生入学考试初试手绘真题

专业：服装设计

请绘制一套应用现代花纹的亲子装，要求是妈妈和儿子的服装。

要求：①画纸为 8 开素描纸；②纸张正面画彩色效果图并撰写设计说明。

1. 真题解析

如果大家没有专门练习过亲子装设计，有一个简便的方法可以切题，那就是从情侣装设计转换到亲子装设计。简单来说，就是大家将原本男性角色的头身比例调整为 6 头身，并确保其头部位于女性角色的肩膀下方即可。考题要求应用的花纹样式是现代的纹样，并非传统的纹样。因此要关注当前时尚界新兴的纹样元素，甚至可以尝试加入一些自己的创新元素。

2. 解题思路

考题没有限定主题，这就需要大家去找一个特定的人群，为他们设计服装，这样主题可以更明确，不会在设计的时候偏离整体风格。大家可以绘制参加亲子游乐、亲子新年聚会、亲子派对等活动的亲子装。

2.5 服装设计考研手绘全年复习规划

1—2 月 前期准备

计划事项

根据自己的实际情况进行学校和专业选择，了解对应专业的考试内容、考试时间、导师信息等。查阅近 3 年院校考题和优秀试卷呈现效果，了解考试流程，熟悉考卷风格，查询对应专业的录取人数及近几年的录取分数线，估算自己的目标分值，制定适合自己的全年学习规划。

确定自己是使用马克笔还是水彩颜料，买好手绘工具，熟悉各种工具的表现效果和使用方法，提前做好色卡等。

实现目标

根据查询的信息，制定自己的全年学习规划。

准备好手绘工具，提前做好色卡。

注意事项

有的考生可能对彩色铅笔比较熟悉，但是建议大家在考试的过程中不要大面积使用彩色铅笔，避免考试时间不够用。

3—5 月 基础阶段

计划事项

练习的时候以线稿为主，涵盖女性正、背面站姿及走姿练习，男性正、背面站姿及走姿练习，五官练习，小头像及发型练习，常用手脚动态练习，服装线稿练习，完整穿衣线稿练习等。每天练习 3~5 张线稿为宜，需要保质保量。可以关注一些时尚类网站和公众号，多保存秀场图。

实现目标

人体练习需要达到快速表达出来且形准的程度，可以独立完成穿衣线稿绘制。

注意事项

考试的时候一般是在 A3 纸上画图，但是备考前期我们可以用 A4 纸来练习，画图的时候要离画面远一点来看人体是否跑形。绘制线稿时线条要轻，单体练习每天保证完成 10 个（例如：5 双手和 5 双脚、5 个女性头部和 5 个男性头部等），每天保证完成 1 个及以上完整线稿练习（例如：1 套裙装、1 套运动装）。

6—7 月 强化阶段

计划事项

进行完整的效果图练习，可以从正面效果图开始练，逐渐加上背面效果图。如果基础阶段的内容掌握得比较好，我们可以开始练习在 A3 纸上画了。在练习的同时去建立个人资料库（包括人体动态、职业装、休闲装、运动装、礼服裙、个人喜欢的模特的发型和配饰等），为后续的练习及定稿做准备。

实现目标

可以独立完成一张完整的效果图，个人资料库建成。

注意事项

这个阶段可以临摹别人优秀的作品，但是不要形成依赖，绘画的时候一定要有自己的想法。

8—9 月 冲刺阶段

实现目标

形成自己的画风，准备的相关素材能够套到自己的服装设计效果图上。在 2 小时内画完正、背面效果图 + 款式图 + 设计说明，手速比较快的考生可以尝试加上细节图。在画秀场图的时候尽量去找国际大牌做参考，去学习知名设计师的色彩搭配和纹样运用技巧。

1—2 月	基础阶段	6—7 月	冲刺阶段	10—11 月	模拟考试
前期准备	3—5 月	强化阶段	8—9 月	真题演练	12 月
练习线稿 多看秀场图	临摹练习 人体绘画学习	画完整效果图 建立个人资料库	形成个人画风 排版练习 收集考试相关素材	练习真题 总结问题	收集资料 保证画面完整性

注意事项

在画整张效果图的时候注意上色要统一，不能先画正面再去画背面，注意养成良好的绘画习惯。在准备纹样的时候不要用已经司空见惯的纹样，尽量去运用中外服装史中的知识去辅助服装设计效果图设计，这样可以丰富自己的知识储备。

10—11 月
真题演练

计划事项

至少做完近 5 年的真题，绘图的环境及时间要严格按照考试的标准（考试的时候不允许带色卡进考场）。职业装、休闲装、运动装、礼服裙等都准备好自己常用的款式及配色，与考试相关的素材至少练习 5 遍以上。画的服装款式要能与纸样结合（不考纸样的话，服装设计效果图的款式设计感需要强烈一些）。

实现目标

在限定时间内完成真题练习且符合考试标准，如果不能在规定时间内完成真题，需要花大量时间去提升绘画速度，保证在考场上能画完所有的题目。每天至少能练习 1 套完整的服装设计效果图。

注意事项

练习时要着重练习女性正、背面效果图，但是不要忽略男装的练习。如果时间不太够用的话，可以准备 1 套休闲运动男装效果图、1 套职业男装效果图和 1 套礼服男装效果图。

12 月
模拟考试

计划事项

模拟考试要在正式考试规定的时间内完成（如果有纸样考查，需要将两科控制在 3 小时内）。纸张尺寸一般为 A3，纸张可以根据自己报考学校的要求来准备（比如，北京服装学院的纸张发黄，模拟考试也尽量选择泛黄的纸张，提前规避色差问题）。

实现目标

至少完成以下几种组合方式的作品练习。

01. 职业装女性正、背面效果图
02. 休闲装女性正、背面效果图
03. 运动装女性正、背面效果图
04. 礼服女性正、背面效果图
05. 职业装女性及男性正面效果图
06. 休闲装女性及男性正面效果图
07. 运动装女性及男性正面效果图
08. 礼服女性及男性正面效果图
09. 职业装 3 套系列线稿
10. 休闲装 3 套系列线稿
11. 运动装 3 套系列线稿
12. 礼服 3 套系列线稿
13. 纹样

注意事项

不要照搬、照抄网上别人的作品，一定要自己进行设计。

FUZHUANG SHEJI XIAOGUOTU RENTI BIAOXIAN

服装设计效果图人体表现

03

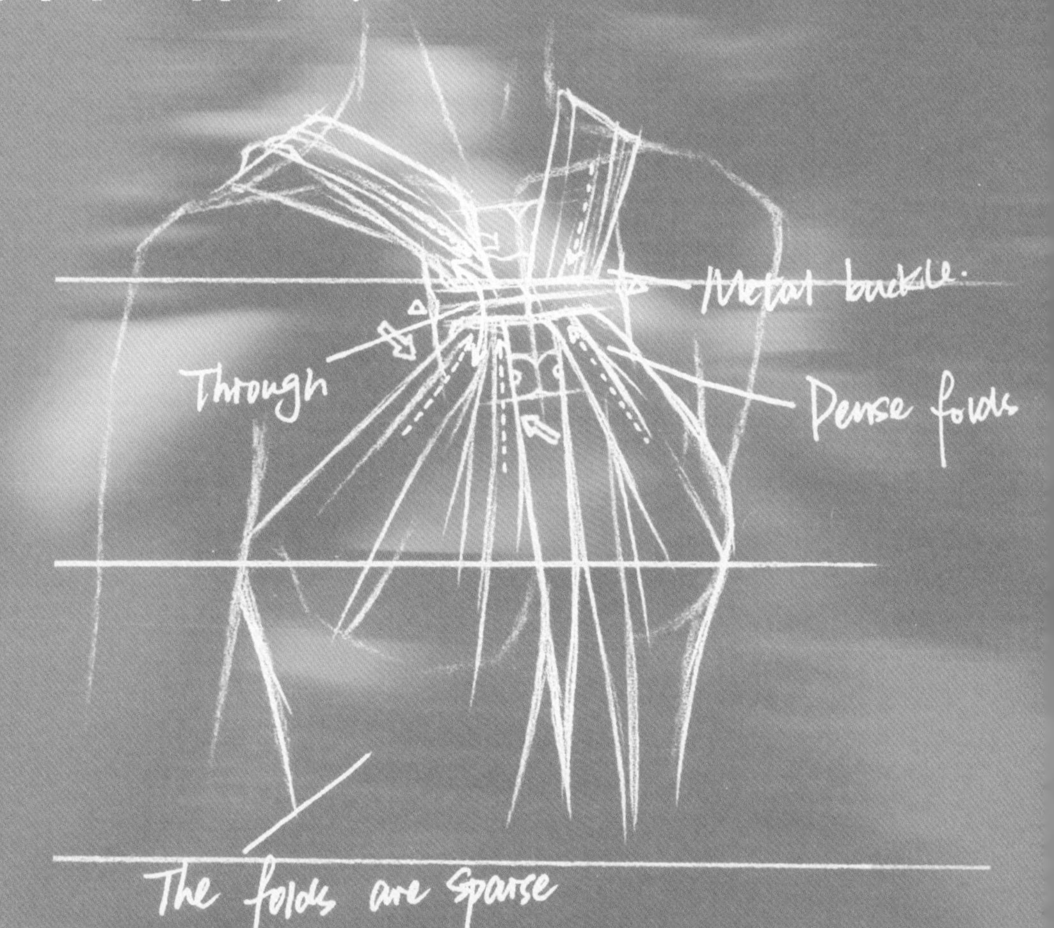

3.1 人体骨骼研究与结构归纳

3.1.1 人体骨骼研究

在绘制服装设计效果图的过程中，人们往往会因为主观认为人体就应该纤细柔弱而忽视了人体的骨骼框架，造成人体发生严重的变形。对于绘画初学者来说，学习骨骼知识是理解人体结构的基础。通过了解骨骼的构成和关节的活动，能够更好地画出具有动态感的模特。同时，了解骨骼与肌肉的关系，可以帮助我们准确地描绘出模特的轮廓和线条。掌握人体的骨骼知识会让时装画的人体更加美观、协调（图 3–1）。

注意事项如下。

①头部呈鹅蛋形，再根据模特本身情况进行更改。

②脖子可以看作圆柱体。

③躯干可以看作梯形和倒梯形，男性躯干整体呈倒三角形。

④手臂和腿部可以看作圆柱体。

⑤关节用圆圈来代替。

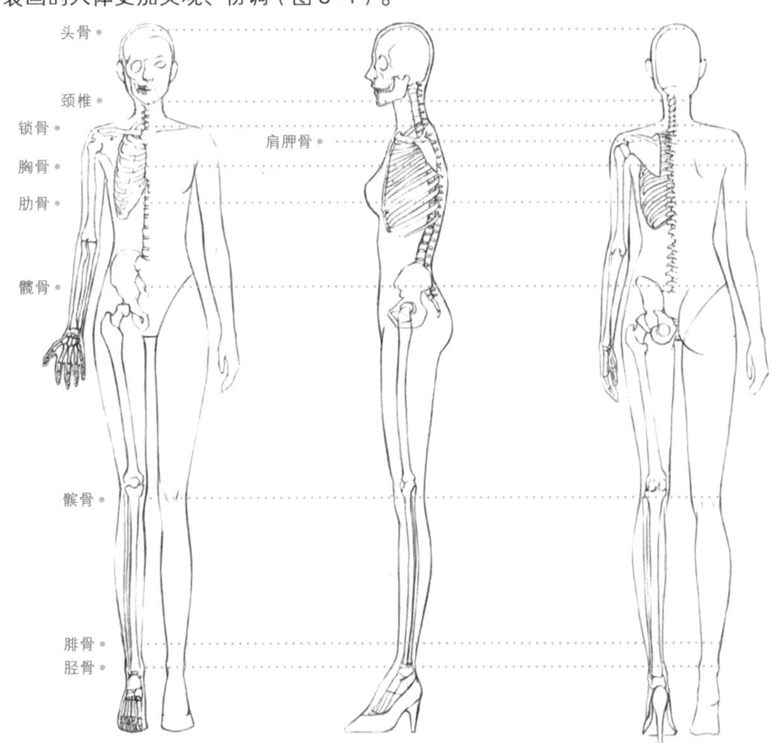

图 3–1 人体骨骼结构图

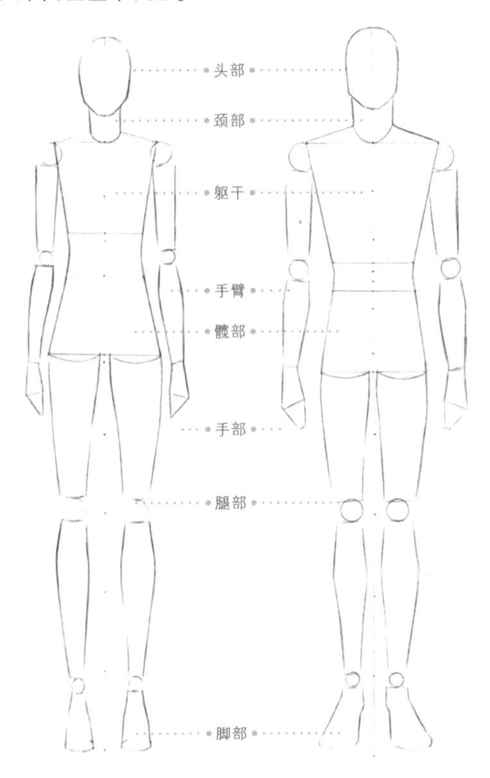

图 3–2 人体结构归纳图

3.1.2 人体结构归纳

图 3–2 将人体归纳为三个部分，即头颅、身躯、四肢。将复杂的人体用简单的方式表现出来，更加凸显体态的修长。需要注意的是，这种归纳是在遵循人体结构的基础上进行的，不准确的结构会严重影响作品的质量。

3.2 人体基础比例

3.2.1 正面人体比例详解

正面人体比例通常以 8 头身或 9 头身为基础，以腰线为基准，上半身 3 个头长，下半身 5 个头长或 6 个头长（图 3–3）。这种比例被认为是最美的比例，因为它既符合黄金分割的比例，又具有视觉上的平衡感和舒适感。

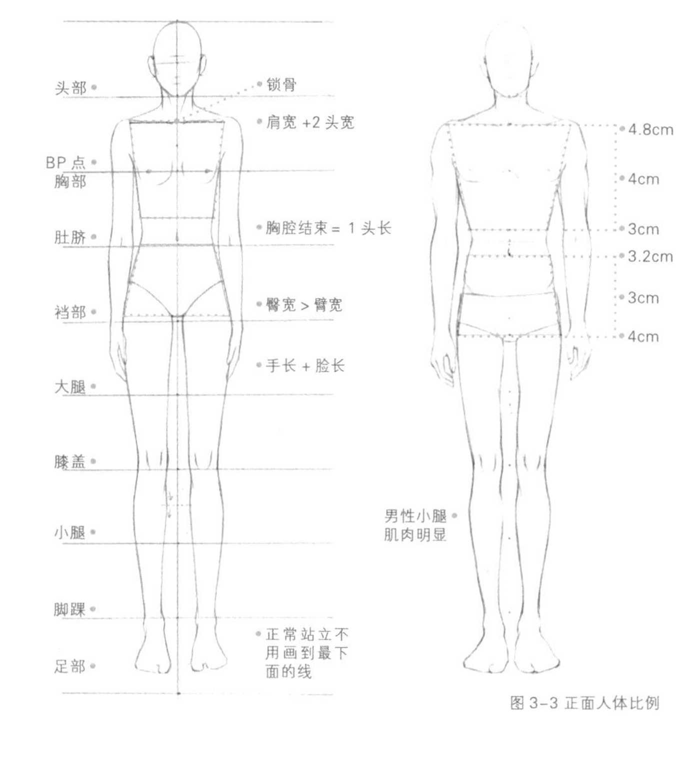

图 3–3 正面人体比例

3.2.2 背面人体比例详解

背面人体（图 3–4）与正面人体的不同之处在于结构的变化，具体如下。

①胸部变成了肩胛骨。

②裆部变成了臀部。

③胳膊和腿部结构没有大变化，注意肘窝和腿窝的表达。

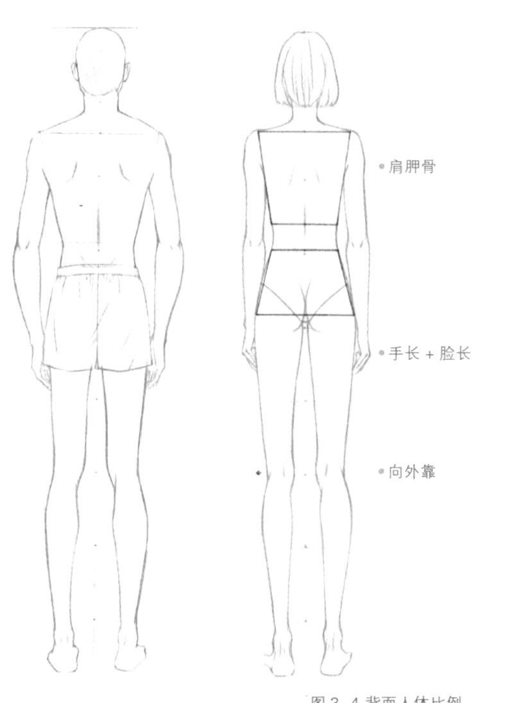

图 3–4 背面人体比例

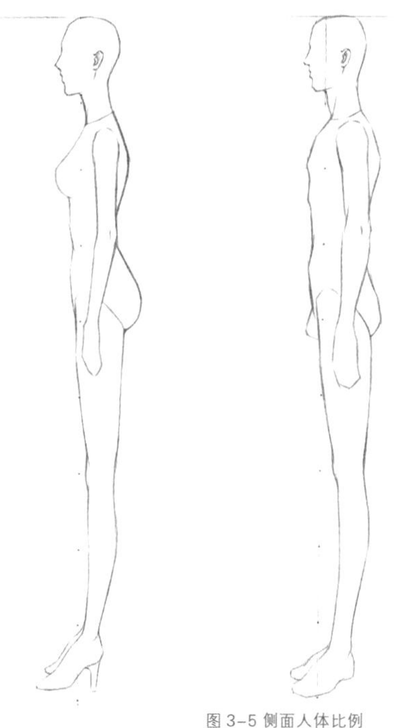

图 3–5 侧面人体比例

3.2.3 侧面人体比例详解

图 3–5 为侧面人体。

头部：人体比例以头部为参考，其中，从颅顶到下巴的距离（不包含头发和脖子）大约为 1 个头长。

躯干：脖子大约有半个头那么长，稍微向前倾斜。脖子连接着肩膀往下的位置就是脊椎，注意脊椎不是竖直的，而是整体呈 S 形，腰部向前弯曲。

下肢：腿部不是完全竖直的，而是微微弯曲的。

3.3 常见人体动态展示

3.3.1 走路姿势的绘制

图 3-6、图 3-7 为走路姿势图，一定要注意脚是否落在重心线上。如果是大动态，胯顶起的腿就是承受力的腿，一定要稳，否则人物可能显现要摔倒的姿势。

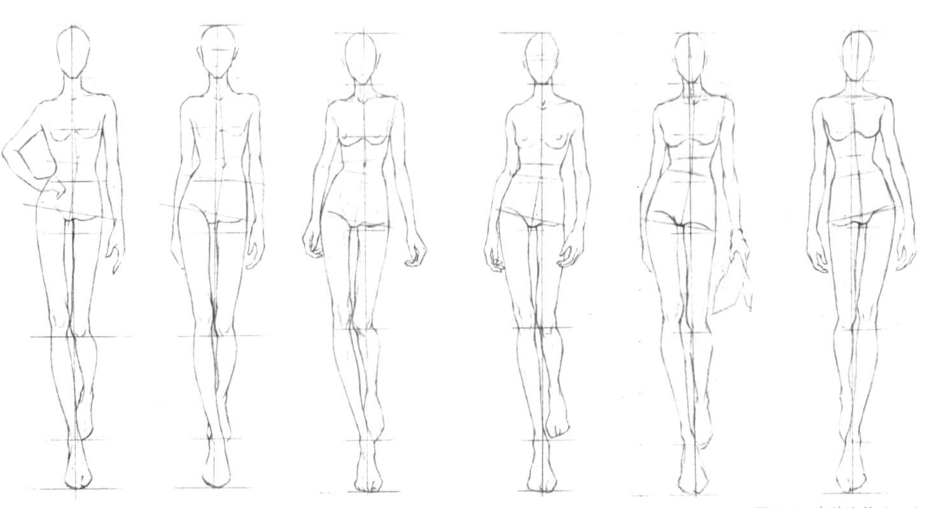

图 3-6 走路姿势（一）

图 3-7 走路姿势（二）

3.3.2 大动态人体的姿势

在绘制大动态人体的时候要找准重心线，如果重心线不准，人体动态很容易出现问题。首先要找到重心线；其次根据人体结构找准肩膀、腰部、臀部和腿部之间的关系；最后在框架上绘制出动态人体。

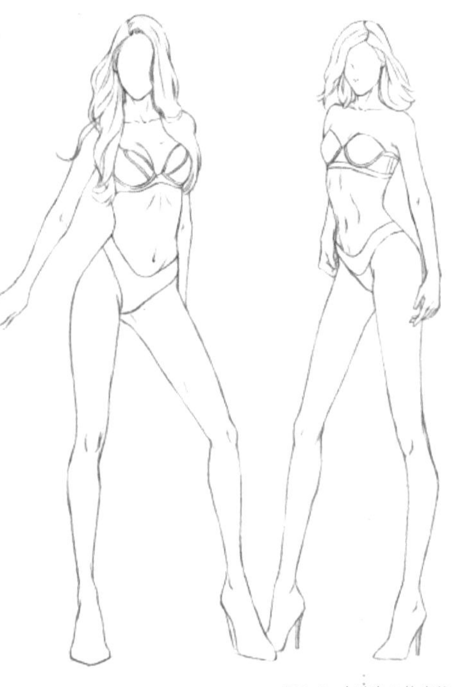

图 3-8 大动态人体姿势

3.4
五官的绘制方法

3.4.1 眼睛

在服装设计效果图中，眼睛具有非常重要的作用，其可以传递模特的情感：如果服装是活泼、休闲的，那么眼睛可能会更加明亮、充满活力；如果服装是优雅、高贵的，那么眼睛可能会更加深沉、内敛。眼睛还可以增强服装设计效果图的视觉效果，可以使服装设计效果图更加生动、逼真，并且可以使整个设计更具吸引力。通过合理地绘制眼睛，可以创造出更加完美的设计效果。

眼睛的素描画法

01 STEP
绘制一个平行四边形作为辅助线，为画眼睛定下基础。

02 STEP
绘制出模特的双眼皮，要结合模特的眼部特征去画。接着绘制出模特的眉毛，可以简单用线条描绘出框架。

03 STEP
找出眼睛的明暗关系，眼球是球体，在自然光线下，外侧是暗的，中间是亮的。瞳孔颜色是最深的，要把高光部分留出来，形成明暗对比，这样眼睛会更有神。眉毛颜色前边深后边浅。最后加粗上眼睑，上眼睑是有厚度的，再加上灵动的睫毛，眼睛就画好了。

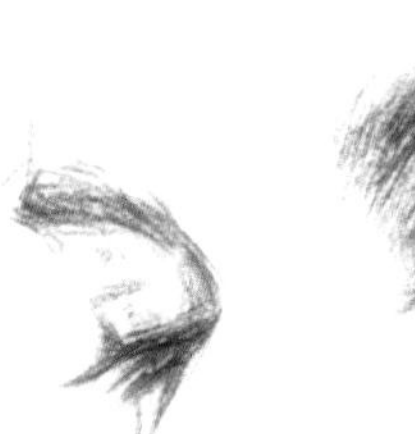

眼睛的水彩画法

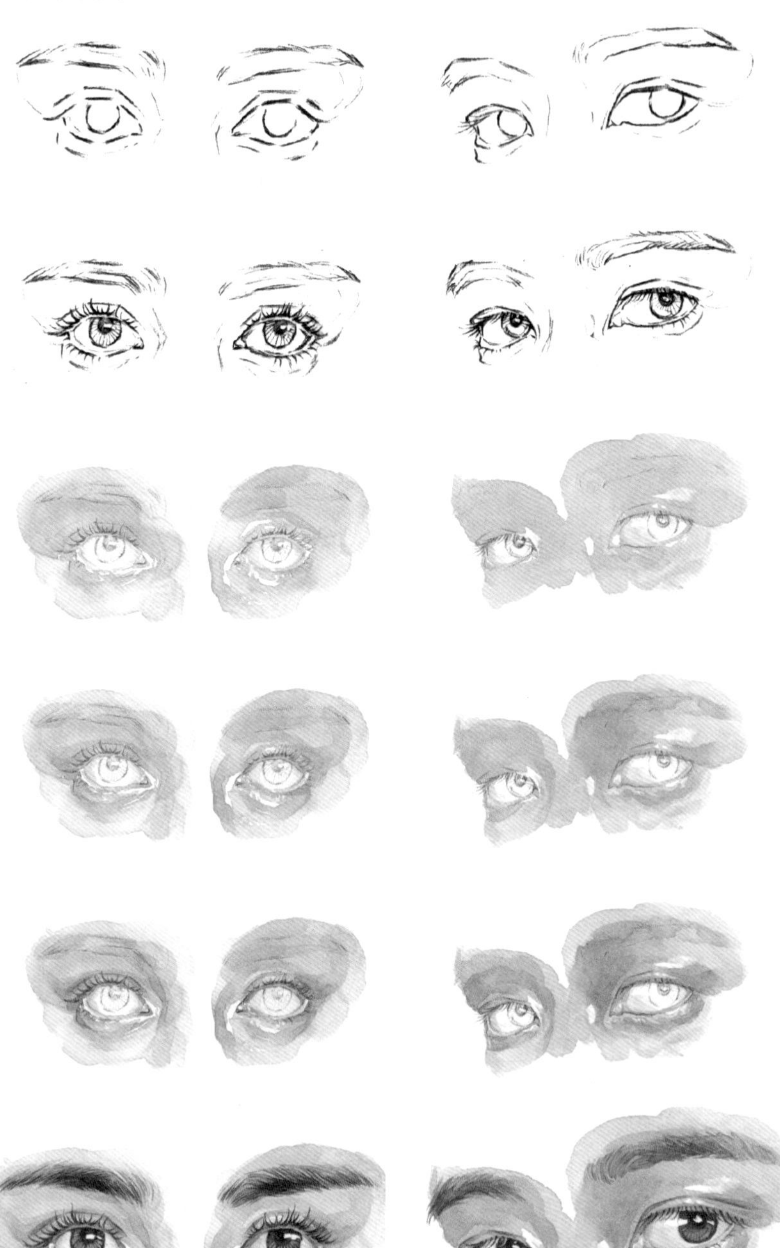

01 STEP
用铅笔确定眼睛的大致形状、眉毛的形态和眼部肌肉走势。

02 STEP
用铅笔细化眼睛，加上瞳孔和睫毛，眉毛的眉头和眉尾要有毛流感。

03 STEP
用水彩平铺皮肤的底色，注意在眼头和卧蚕的地方留出高光。眼球部分在肤色的基础上加水使底色变浅，然后在眼球的两侧上色，增加体积感。

04 STEP
加深眼窝、卧蚕和眼轮匝肌的颜色。

05 STEP
继续加深并刻画细节，比如上、下眼睑的厚度，在加深的肤色里加一些黄色进去，让眼睛周围的皮肤更有空间感。

06 STEP
调制深棕色来绘制眉毛、睫毛和虹膜。注意虹膜的颜色稍浅，眉毛的颜色稍深，瞳孔的颜色最深。

眼睛的马克笔画法

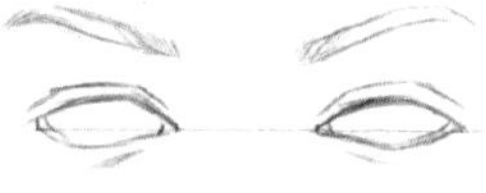

01 STEP
绘制出眼睛的基础形状，注意观察眼睛的比例关系和神态。

STEP
描绘出虹膜和睫毛，丰富眼睛的结构。

03 STEP
用 COPiC 勾线笔勾线，睫毛要用 0.03mm 的勾线笔画。

STEP
根据眼睛的明暗关系上色，用高光笔绘制出眼神光。

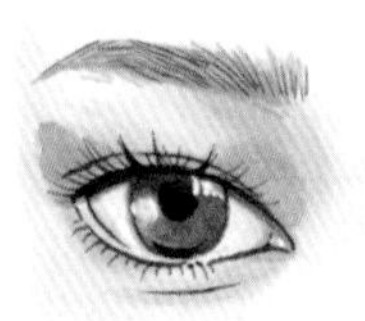
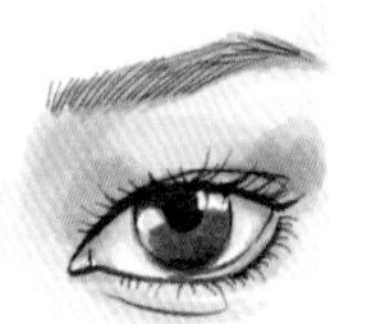

STEP
有妆容的部分要将妆容绘制出来。

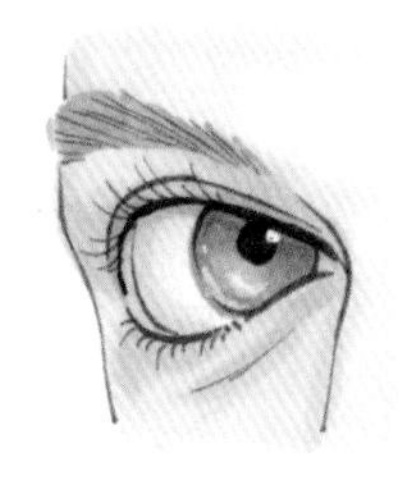
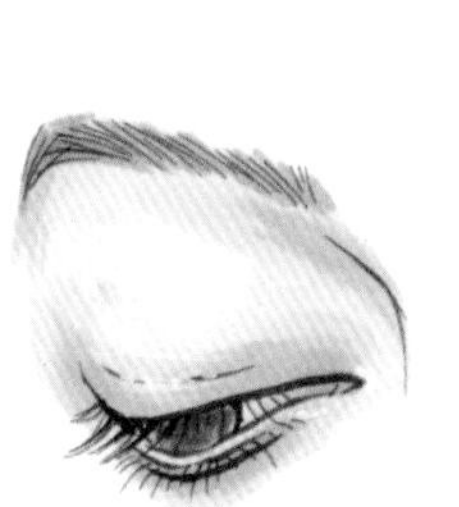

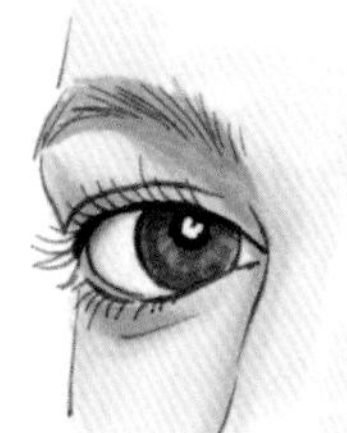

3.4.2 鼻子

鼻子在脸部具有非常重要的作用。它不仅是脸部的一个重要组成部分，而且其形态和特征对于整个脸部的协调性和美感也有着至关重要的影响。鼻子位于脸部的中轴线上，也是脸部形体起伏最强的结构之一（图 3-9）。正确地表现出鼻子的形体结构和透视关系，不仅有助于美化画面，更重要的是给脸部一个稳定的支撑。鼻子出现问题，将直接影响眼和嘴的连贯性，使脸部出现扭曲的透视关系。

图 3-9 鼻子结构

鼻子的马克笔画法

01 STEP 绘制出一个长方形，并且绘制出中轴线，给绘制鼻子做辅助。

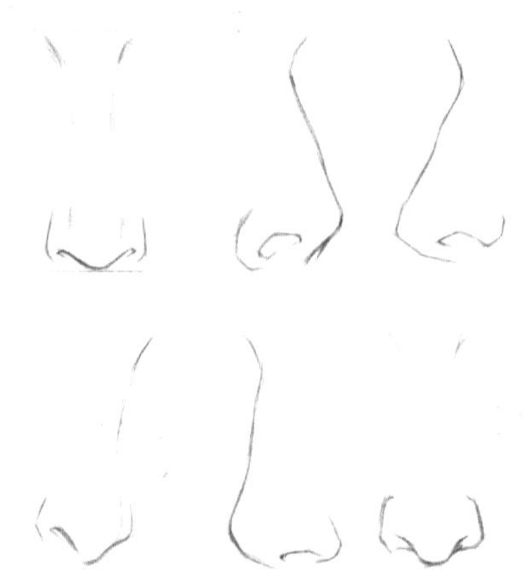

02 STEP 绘制鼻底，注意鼻子的对称性，并且绘制出鼻翼。

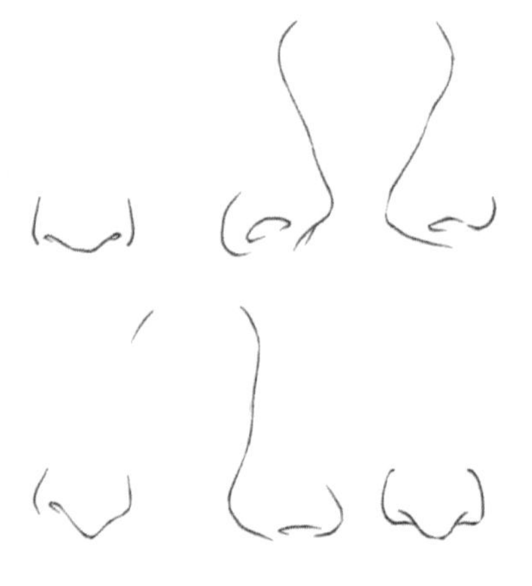

03 STEP 根据不同的肤色，分别用 E413 号和 R374 号马克笔上底色。

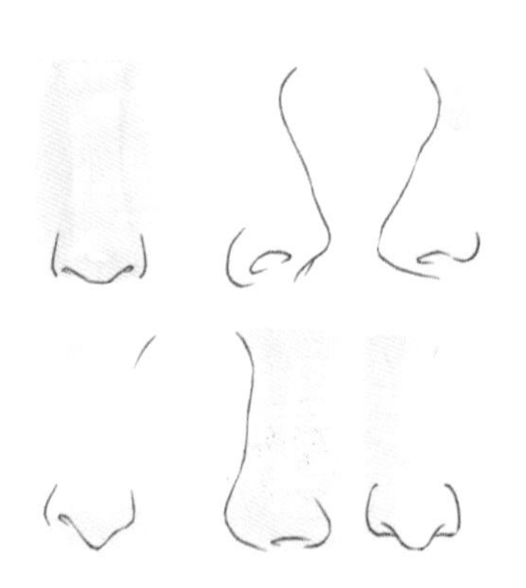

04 STEP 根据鼻子的结构进行加深，虽然鼻孔的颜色很深，但是不能用太深的颜色去画，而是要用透气的颜色来表达。

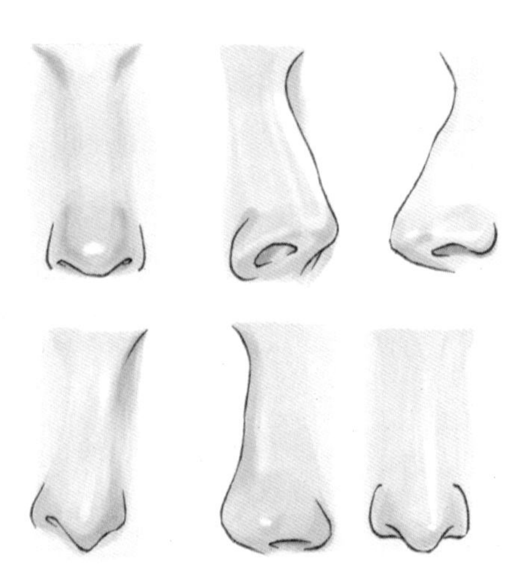

鼻子的水彩画法

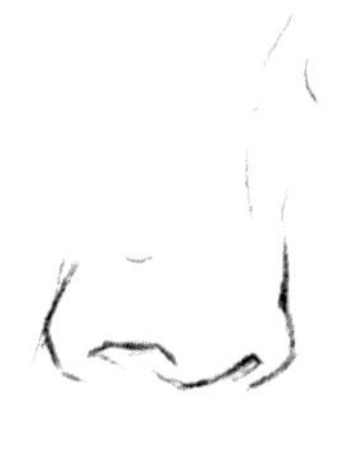

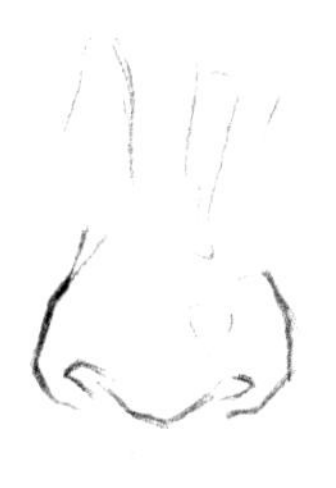

01 STEP 用铅笔画出鼻子的外形，然后用可塑橡皮轻轻擦淡，方便后续上色。

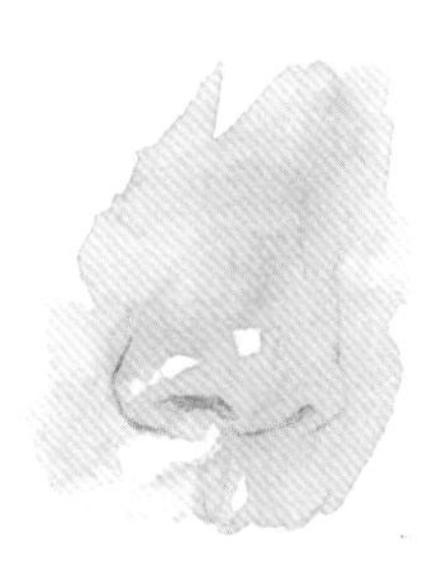

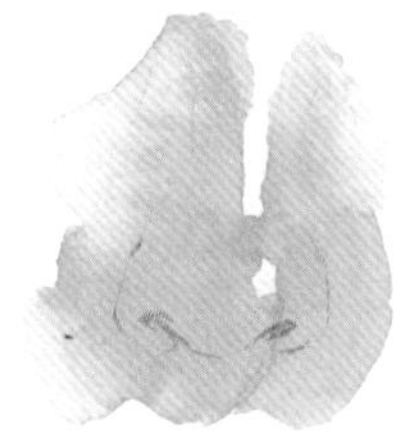

02 STEP 调出肉色进行底色的绘制，注意留出高光的位置，鼻头的颜色可以红一些。

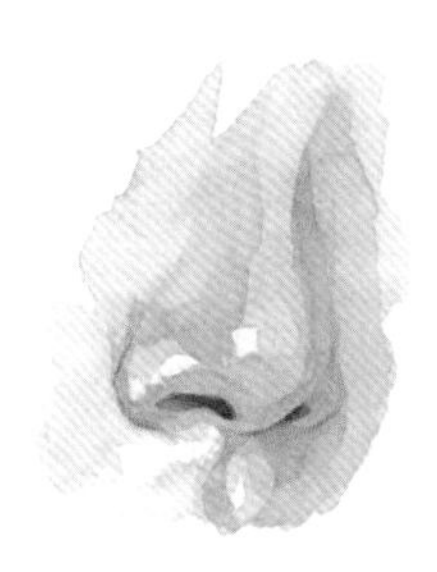

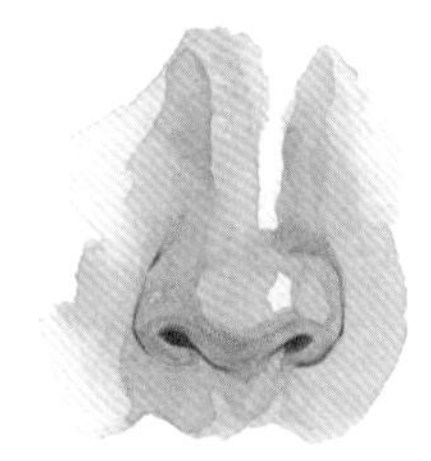

03 STEP 加深鼻梁和鼻头处，鼻头的明暗交界线要格外加深。

3/4 侧面鼻子：注意鼻子的透视关系，近处的鼻孔比远处的鼻孔要大。

纯侧面鼻子：尽量画得挺拔。

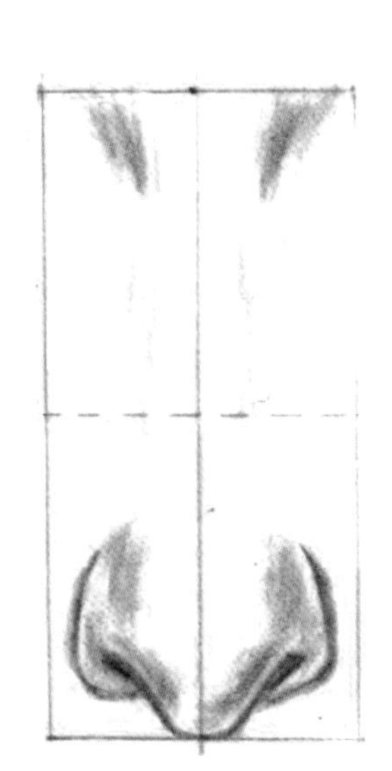

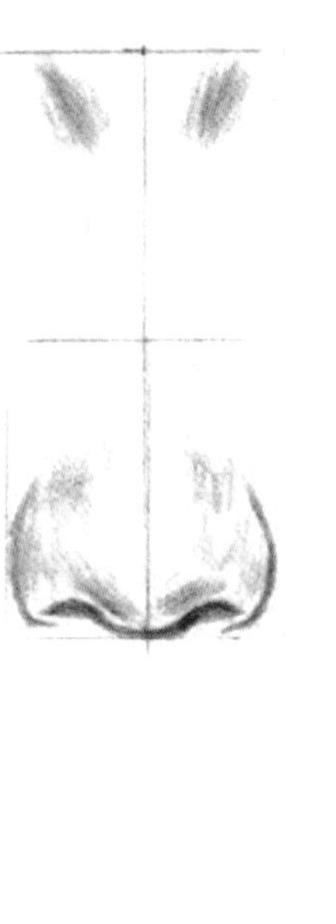

3.4.3 嘴唇

嘴唇能够表达人物的特征、情感和内心活动，同时也具有丰富的色彩和明暗变化。通过准确地描绘嘴唇的形态和表情，可以增加画面的生动性和真实性，使人物更加鲜明和有个性。

STEP
确定嘴唇的位置，绘制出嘴唇的形状。

STEP
用 COPiC 勾线笔勾线，嘴角要重一些。

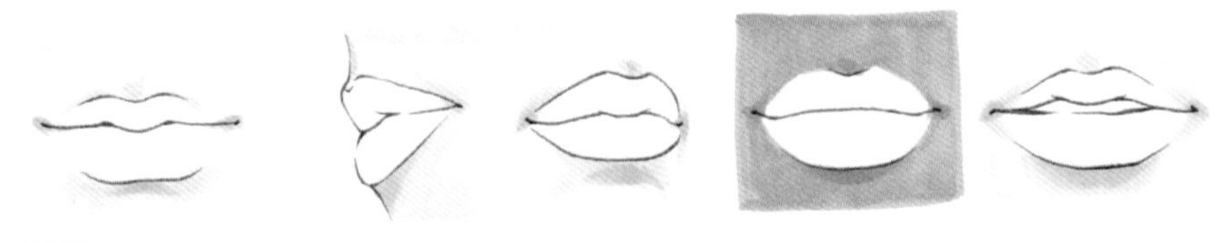

STEP
绘制出皮肤的颜色，嘴角及唇窝的颜色要加深，表现出嘴部的体积感。

04 STEP
用马克笔画出口红的颜色，口红分亚光和珠光两种，区别在于高光的绘制不同，亚光口红高光较少，珠光口红高光较多。

3/4 侧面嘴唇：注意透视关系，近大远小。

纯侧面嘴唇：嘴唇的形状像横过来的心形，注意唇裂线随着表情的变化而变化。

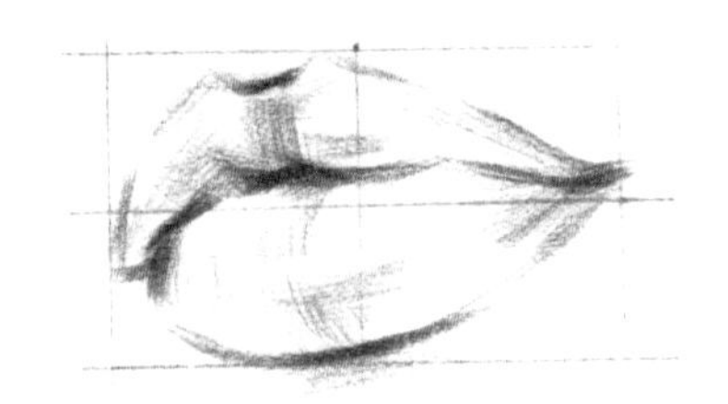

嘴唇的水彩画法

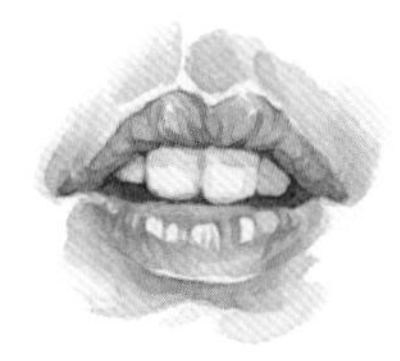

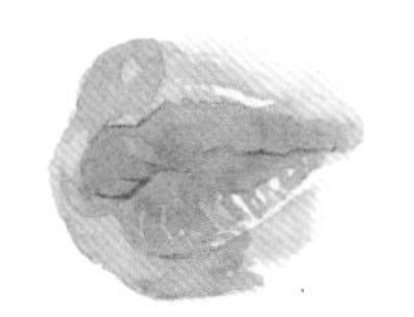
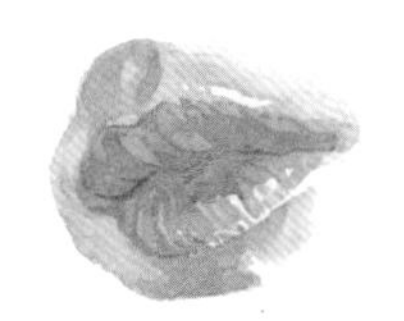

01 STEP 用铅笔确定嘴唇的大致形状，主要绘制的是嘴角、唇峰、下唇和唇窝，3/4 侧面嘴唇需要画出人中。

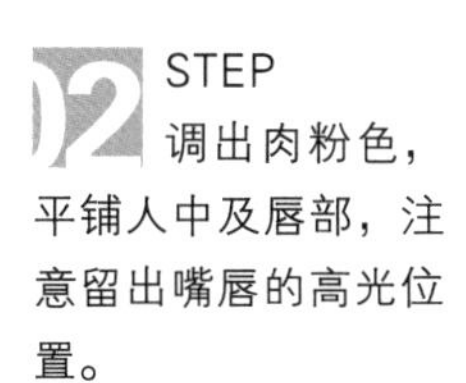

02 STEP 调出肉粉色，平铺人中及唇部，注意留出嘴唇的高光位置。

03 STEP 加深唇部颜色，增强对比。

04 STEP 丰富唇部结构，但是不要照抄素材，要减少一些不必要的结构。

05 STEP 如果露出牙齿，可以用浅灰色给牙齿上色。最后加深唇裂线和唇部阴影即可。

3.4.4 耳朵

虽然耳朵在面部的占比很小，但是要注意耳朵的位置（图 3-10）及其会随着头部的透视而产生位移。在绘制纯侧面头部的时候，耳朵的细节可以画得丰富一些。

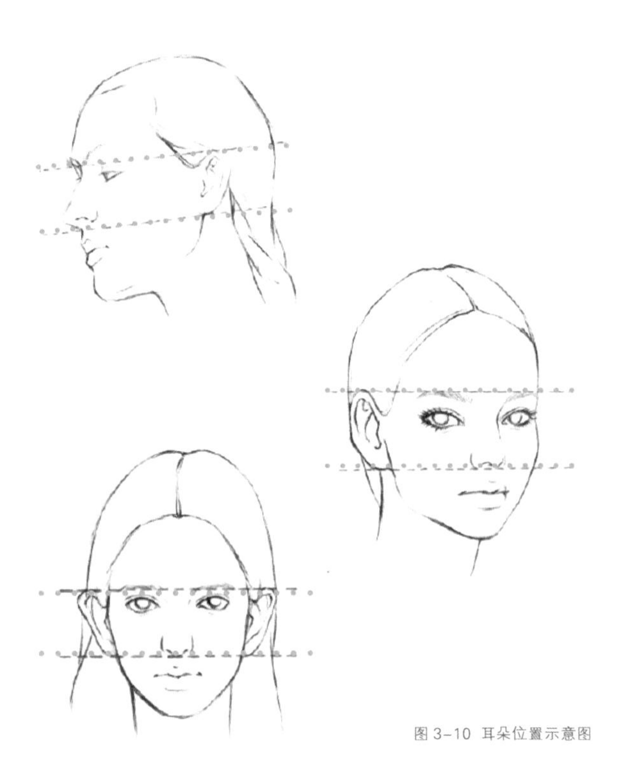

图 3-10 耳朵位置示意图

绘制耳朵时应注意以下几点。

①比例要准确：耳朵的大小和位置要与头部相协调。

②结构要清晰：耳朵的结构要清晰明确，各个部分之间的关系要正确。特别要注意耳轮、耳垂和对耳轮之间的穿插关系。

③注意不同角度的耳朵形态：在绘制不同角度的耳朵时，要注意其形态的变化。例如，侧面角度的耳朵呈现出较为明显的立体感，而正面角度的耳朵则较为扁平。因此，在绘制时要根据角度调整耳朵的形态和透视关系。

④保持整体感：在绘制耳朵时，要注意其与头部其他部分的衔接和整体感。要保持线条的连贯性和流畅性，避免出现突兀或不协调的情况。

01 STEP

确定耳朵的位置和大小：耳朵通常位于头部两侧，高度大约与眼睛相同。要根据头部的大小来确定耳朵的大小，以保持比例协调。

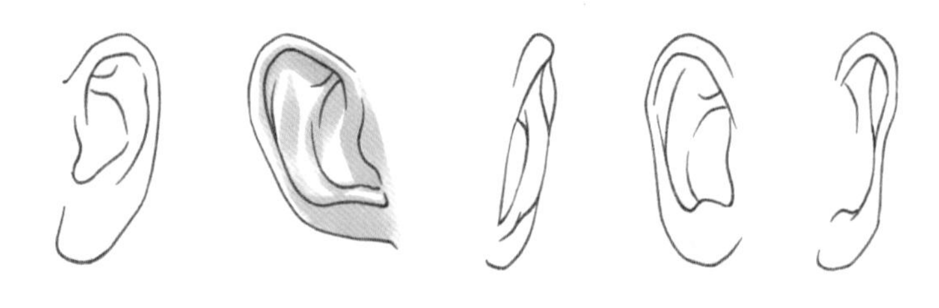

02 STEP

画出耳朵的基本形状：耳朵的形状类似于一个问号，由上部的耳轮和下部的耳垂组成。先用简单的线条画出耳朵的基本形状。

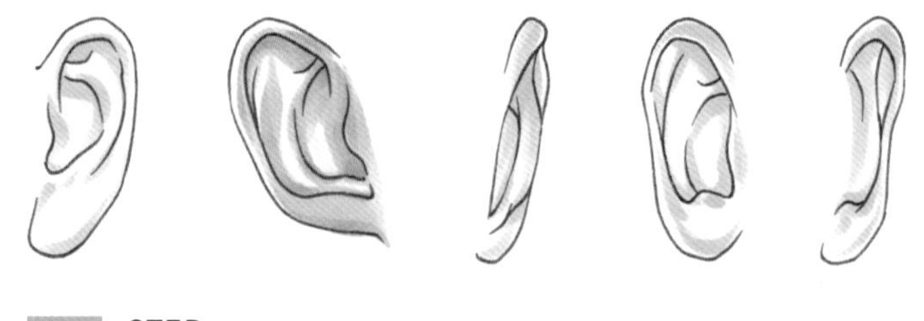

03 STEP

细化耳朵的结构：在基本形状的基础上，细化耳朵的结构，包括耳轮、耳垂、耳屏和对耳轮等。要注意结构的准确性和穿插关系。

3.5 头部的绘制方法

在绘制头部时，需要注意以下事项。

①注意头部的比例关系：在服装设计效果图中，头部的长度通常是整个身体的 1/9~1/8，宽度则是高度的 2/3。在绘制时，应该先确定头部的整体比例，然后再逐步细化各个部分。

②找准五官的位置：五官的位置对于头部的整体美感至关重要。在绘制五官时，应该先确定眼睛的位置，然后再根据眼睛的位置来确定鼻子、嘴唇和耳朵的位置。

③注意头部的透视关系：由于头部是立体的，所以在绘制时需要注意头部的透视关系。近大远小、近实远虚等透视原理在头部绘制中同样适用。

④掌握头发的绘制技巧：头发是头部的重要组成部分，也是绘制的难点之一。在绘制时，需要注意头发的分组、走向和疏密关系，以及头发与头皮的衔接处理。

⑤刻画细节：头部的细节包括皮肤的质感、五官的形态和表情等。在绘制头部时，需要注重细节的刻画，以便更好地表现出头部的真实感和细腻感。

关于头部五官的比例关系（图 3-11），需要注意以下几点。

①眼睛应该位于头部高度的 1/2 处，这是绘制头部时最基本的比例关系。同时，两眼之间的距离应该是 1 只眼睛的长度。

②鼻子的长度通常是从眼睛或眉毛到下巴长度的 1/2，而宽度则与两眼之间的距离相等。嘴唇宽度应该是鼻子宽度的 1.5 倍，嘴唇位置可以靠唇裂线来确定，唇裂线在鼻底到下巴的 1/3 处。

③耳朵的位置在眉头到鼻底。

④发际线的高低会影响整个面部的比例关系。一般来说，男性的发际线要比女性的发际线高一些，但要根据实际情况而定。

图 3-11 头部五官示意图

STEP

根据不同角度绘制出头部的大致轮廓，并根据比例关系确定五官位置。

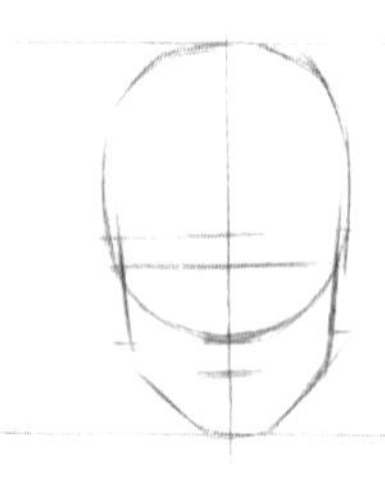

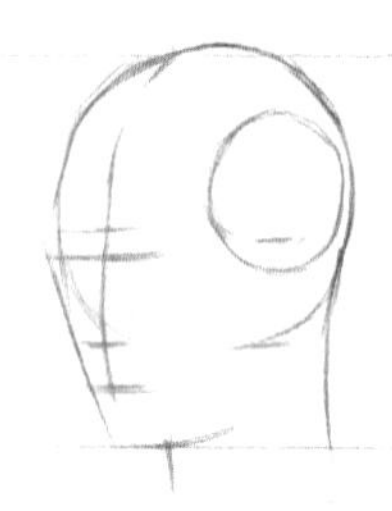

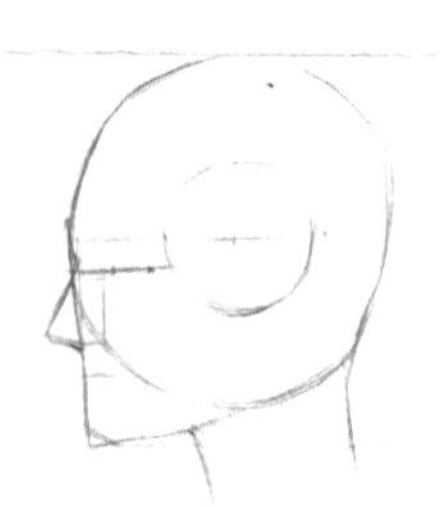

STEP

确定五官的比例并画出辅助线。

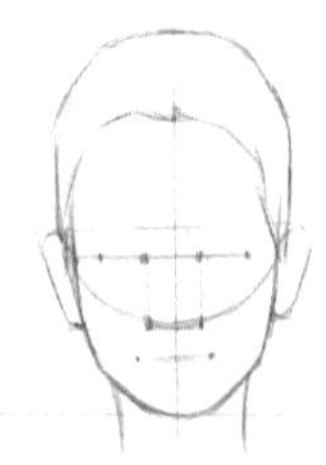

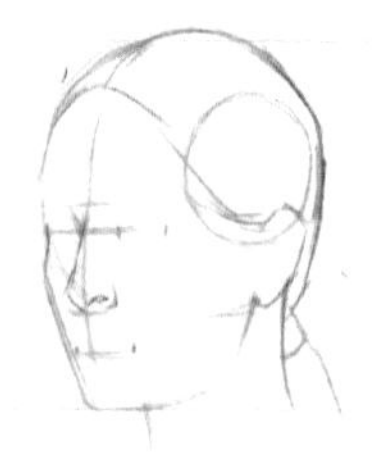

STEP

绘制出模特的五官和发型。

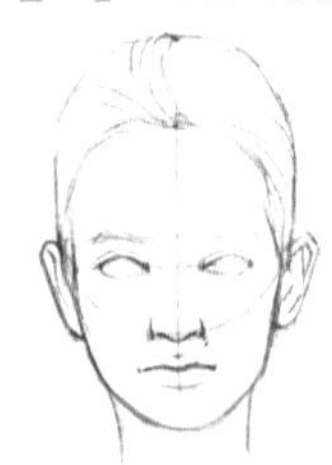

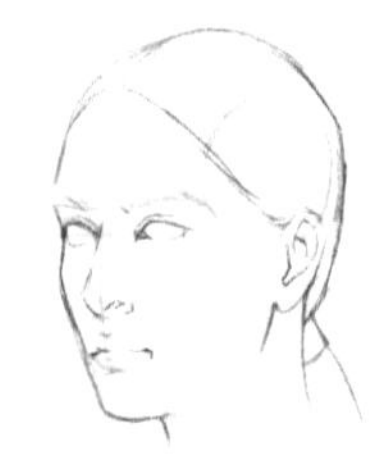

STEP

用 COPiC 勾线笔进行勾线。

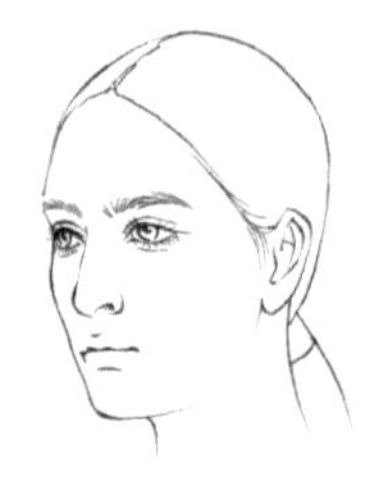

下面为一些常见头部的画法。

01 STEP

根据不同角度绘制出头部大致轮廓，并根据比例关系确定五官位置，绘制出准确的五官及发型。

02 STEP

根据模特的不同肤色进行底色平铺，较白的肤色可以用 R374 号马克笔进行绘制，偏黄的肤色用 E413 号马克笔进行绘制。

03 STEP

根据模特不同面部结构用颜色比肤色深一号的马克笔进行结构绘制，这个时候不用去加深五官，只需要将底色画好即可。

04 STEP

增强五官的对比度，鼻子的颜色可以画得重一些，凸显其立体感；头发则找出暗部进行加深。

05 STEP

观察整体效果，没有加重的地方继续加重，在瞳孔、鼻子、嘴唇上点高光，最后再画上环境色即可。

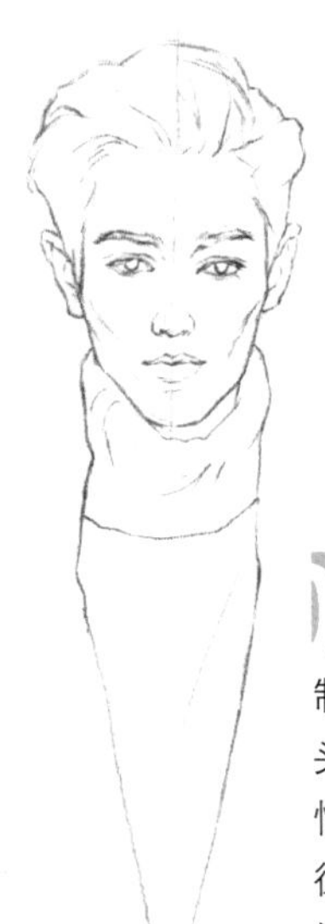

01 STEP 用铅笔绘制出清晰的男性头部。要注意男性头部的几个特征：男性的眉眼间距较近，下巴较长，面部较窄。

02 STEP 用勾线笔进行勾线，可以适当带一些面部结构线。

03 STEP 调出合适的颜色平铺面部底色，用水彩绘制的时候可以将面部颜色带一点到头发上，这样整体会有空气感。

04 STEP 给头发、服装平铺底色。

05 STEP 塑造面部结构，加深鼻背、颧骨、颞骨和下巴等结构，初步塑造面部的立体感。

06 STEP 进一步加深面部颧骨、脖子上的阴影和眼窝。

07 STEP 男性的嘴唇直接用比肤色深一些的颜色塑造即可。男性的眉毛比较粗且浓，要把握好度。男性的睫毛较短。头发应区分大的明暗关系，注意光源方向。

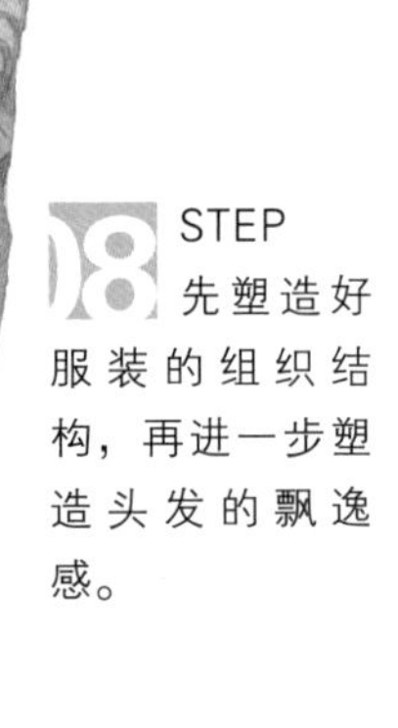

08 STEP 先塑造好服装的组织结构，再进一步塑造头发的飘逸感。

01 STEP
用铅笔绘制出清晰的男性头部。要注意男性头部的几个特征：男性的眉眼间距较近，下巴较长，面部较窄。

02 STEP
用勾线笔进行勾线，可以适当带一些面部结构线。

03 STEP
调出合适的颜色平铺面部和脖子底色，用水彩绘制的时候可以将面部颜色带一点到头发上，这样整体会有空气感。

04 STEP
给头发、配饰平铺底色。

05 STEP
塑造面部结构，加深鼻背、颧骨、颞骨和下巴等结构，初步塑造面部的立体感。

06 STEP
进一步加深面部颧骨、脖子上的阴影和眼窝。

07 STEP
男性的嘴唇直接用比肤色深一些的颜色塑造即可。男性的眉毛比较粗且浓，要把握好度。男性的睫毛较短。头发应区分大的明暗关系，注意光源方向。

08 STEP
先塑造好配饰的组织结构，再进一步塑造头发的飘逸感。

3.6 头发的绘制方法

3.6.1 正面常见发型

在服装设计效果图中，头发可以更好地完善人物形象，也可以体现设计风格，同时可以增强视觉效果，使整个设计更加生动、立体。通过合理地运用色彩、线条等，可以创造出更加吸引人的设计作品。

正面常见发型的画法如下。

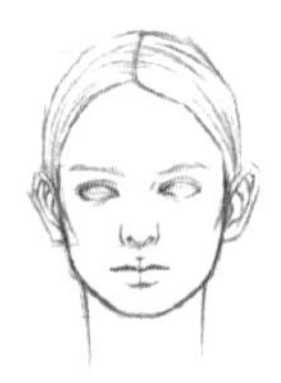

01 STEP 分析头发大致形状和走势，画出外轮廓。用铅笔画出头发的发丝，不用面面俱到，只要有大致形状即可。

02 STEP 用 COPiC 勾线笔进行勾线。用浅一点的颜色给面部铺底色。

03 STEP 用深一点的颜色画出面部结构，高光明显的地方可以用留白的方式进行绘制。

04 STEP 用另外的深色塑造头发的明暗关系。

05 STEP 用最深的颜色加强头发的对比关系，并用高光笔点出高光，让头发更有光泽感。

在绘制头发时，需要注意以下几点。

①观察和理解头发的结构：头发是由许多发丝组成的，每根发丝都有其独特的形态和质感。在绘制头发时，需要仔细观察和理解头发的结构，以便更好地表现其形态和质感。

②掌握用线的技巧：绘制头发时需要用线来表现其形态和质感。在绘制时，需要掌握好用线的技巧，如流畅、自然、有节奏感等，以便更好地表现出头发的动感和飘逸感。

③注意明暗的对比和色彩的运用：明暗和色彩是表现头发立体感和质感的重要手段。在绘制时，需要注意明暗的对比和色彩的运用，以便更好地表现出头发的层次感和质感。

④刻画细节：细节是表现头发形态和质感的关键。在绘制时，需要注重细节的刻画，如发丝的走向、发梢的形态等，以便更好地表现出头发的真实感和细腻感。

⑤保持整体协调：头发的绘制需要与整个设计保持协调。在选择发型和绘制技巧时，需要考虑整个设计的风格和氛围，以便更好地突出设计理念和表达设计师的创意。

3.6.2 背面常见发型

背面常见发型的画法如下。

01 STEP
分析头发的大致形状和走势，画出外轮廓。

02 STEP
用铅笔画出头发的发丝，不用面面俱到，只要有大致形状即可。

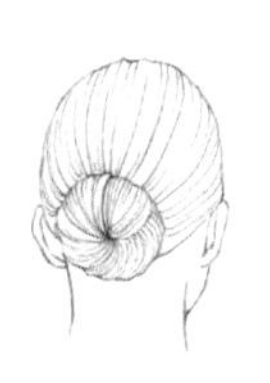

03 STEP
用 COPiC 勾线笔进行勾线。

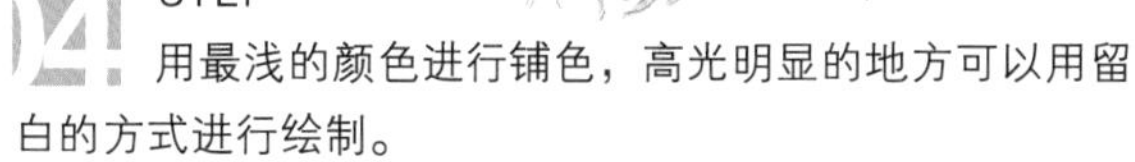

04 STEP
用最浅的颜色进行铺色，高光明显的地方可以用留白的方式进行绘制。

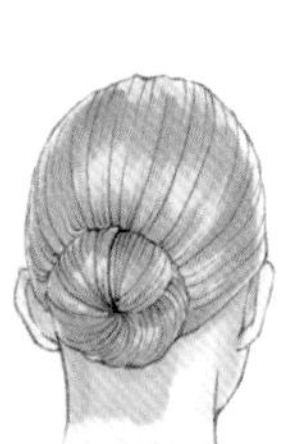
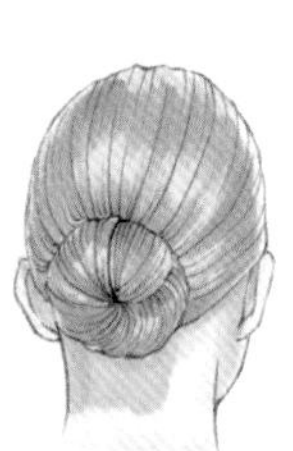

05 STEP
用最深的颜色加强对比，用高光笔点出高光，让头发更有光泽感。

3.6.3 正面常见发型的水彩画法

01 STEP 在画布上用铅笔画出头发的轮廓和大致的样式，可以参考一些发型图或照片。

02 STEP 使用更确定的线条描绘出头发的基本轮廓，需要仔细考虑头发的生长方向和每一缕头发的形状。

03 STEP 绘制出人物皮肤的颜色，可以稍微带一下发际线及额头处的头发。

04 STEP 选择头发相对应的颜色进行上色。要保持色彩均匀，同时注意头发之间的阴影和高光。

05 STEP 使用较细的画笔和更深的颜色添加细节，如头发的分缕、发丝的质感以及头发的纹理等。可以通过点触、划线或涂抹等不同的笔触来表现。

06 STEP 在需要的地方添加阴影和高光，以增强头发的质感和立体感。可以通过调整色彩的明度和对比度来表现光影效果。

07 STEP 使用较细的画笔描绘发丝的走向和阴影，表现头发的流动感和立体感。可以在一些关键部位，如发梢、发际线等地方加深颜色，使画面更加生动。

08 STEP 检查整个作品，看是否需要添加更多的细节或调整颜色。

01 STEP
在画布上用铅笔画出头发的轮廓和大致的样式，可以参考一些发型图或照片。

02 STEP
使用更确定的线条描绘出头发的基本轮廓，需要仔细考虑头发的生长方向和每一缕头发的形状。

03 STEP
绘制出人物皮肤的颜色，可以稍微带一下发际线及额头处的头发。

04 STEP
选择头发相对应的颜色进行上色。要保持色彩均匀，同时注意头发之间的阴影和高光。

05 STEP
使用较细的画笔和更深的颜色添加细节，如头发的分缕、发丝的质感以及头发的纹理等。可以通过点触、划线或涂抹等不同的笔触来表现。

06 STEP
在需要的地方添加阴影和高光，以增强头发的质感和立体感。可以通过调整色彩的明度和对比度来表现光影效果。

07 STEP
使用较细的画笔描绘发丝的走向和阴影，表现头发的流动感和立体感。可以在一些关键部位，如发梢、发际线等地方加深颜色，使画面更加生动。

08 STEP
检查整个作品，看是否需要添加更多的细节或调整颜色。

01 STEP
在画布上用铅笔画出头发的轮廓和大致的样式，可以参考一些发型图或照片。

02 STEP
使用更确定的线条描绘出头发的基本轮廓，需要仔细考虑头发的生长方向和每一缕头发的形状。

03 STEP
绘制出人物皮肤的颜色，可以稍微带一下发际线及额头处的头发。

04 STEP
选择头发相对应的颜色进行上色。要保持色彩均匀，同时注意头发之间的阴影和高光。

05 STEP

使用较细的画笔和更深的颜色添加细节，如头发的分缕、发丝的质感以及头发的纹理等。

06 STEP

在需要的地方添加阴影和高光，以增强头发的质感和立体感。可以通过调整色彩的明度和对比度来表现光影效果。

07 STEP

使用较细的画笔描绘发丝的走向和阴影，表现头发的流动感和立体感。可以在一些关键部位，如发梢、发际线等地方加深颜色，使画面更加生动。

08 STEP

检查整个作品，看是否需要添加更多的细节或调整颜色。

3.7
四肢的绘制方法

3.7.1 手部的绘制

绘制手部对于刚接触绘画的人来说是难点，也是痛点。难在手部姿势较多，一时间没办法掌握绘制手部的规律。再就是手部的结构较多，十分灵活，如果不大量练习，无法绘制出传神的手部姿势。图 3–12、图 3–13 分别为手部绘制解析图和手部比例解析图。

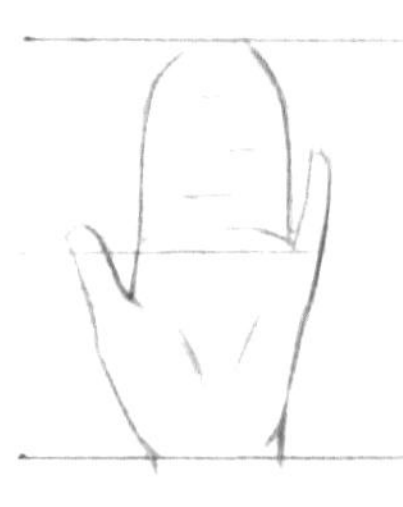

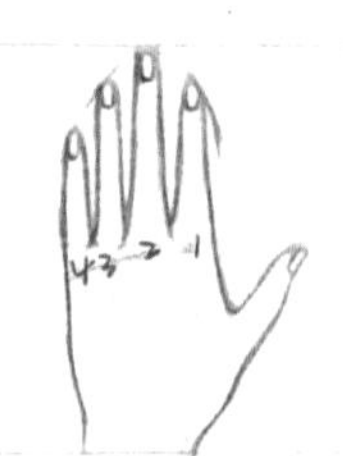

图 3–12　手部绘制解析图

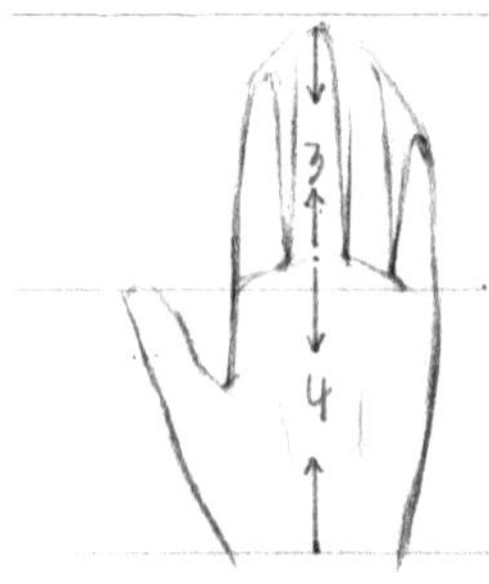

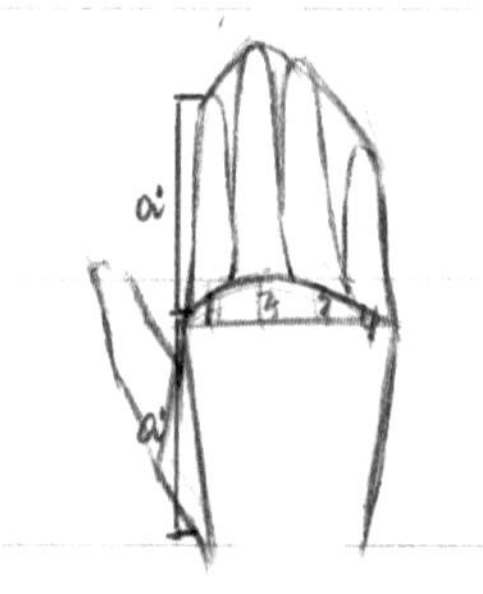

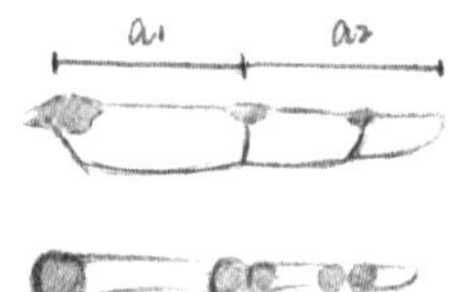

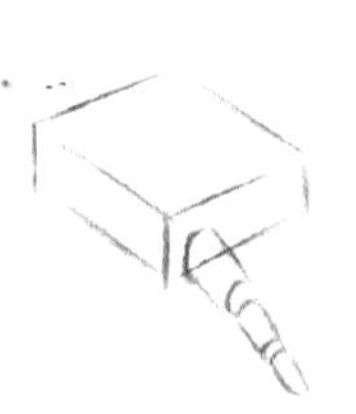

图 3–13　手部比例解析图

在绘制手部时，可以遵循以下步骤。

①简化形状：开始绘制时，可以将手简化为几何形状，五边形代表手掌，矩形代表手指，这有助于捕捉手部整体的比例和姿势。

②添加肌肉和轮廓：在辅助线的基础上，添加肌肉和轮廓，使手部看起来更加丰满和真实。注意手部的肌肉走向和厚度。如果是画服装设计效果图，那么手指可以适当纤细些。

③细化细节：进一步细化手部的皮肤纹理、指甲等细节，增加真实感。

④实践不同角度：尝试从不同的角度绘制手部，如侧面手部、背面手部、握拳手部等，以提高自己的手绘技巧。

绘制手部的注意事项如下。

①比例协调：保持手部的比例协调是关键。例如，手指的长度应该与手掌的宽度相匹配，避免出现手指过长或过短的情况。

②观察真实手部：观察真实的手部结构和动作，了解手部在日常生活中的运动方式，这有助于更准确地表现手部姿势。

③注意关节和肌肉：关节和肌肉是手部运动的关键。了解它们的运动原理和连接方式，可以更好地表现手部的动态和力量。

④练习和耐心：绘制手部需要大量的练习和耐心。不要急于求成，多进行实践和总结，逐渐提高自己的手绘技巧。

⑤参考资料：可以查阅一些关于人体解剖学和手绘技巧的资料，以获取更详细和专业的指导。

图 3-14 为不同形态手部绘制参考。

图 3-14 不同形态手部绘制参考

用水彩绘制手部的步骤如下。

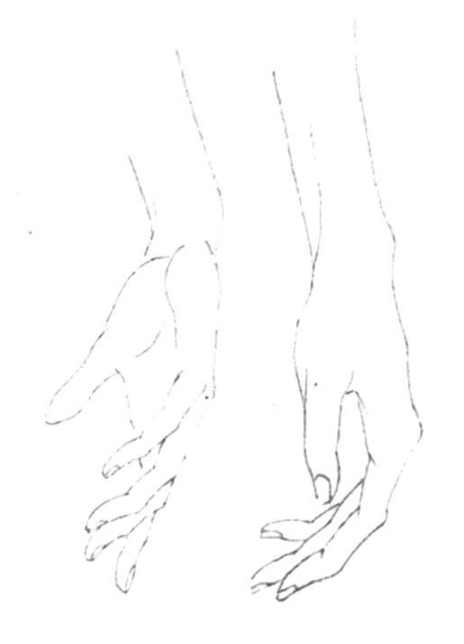

01 STEP
进行手部线稿的绘制，将肌肉的转折关系画出来。线稿要画得干净、清晰。

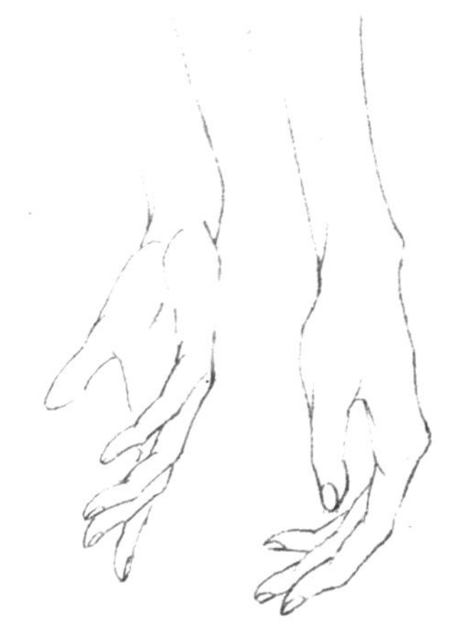

02 STEP
用勾线笔勾线，选择 COPiC 棕色勾线笔即可。

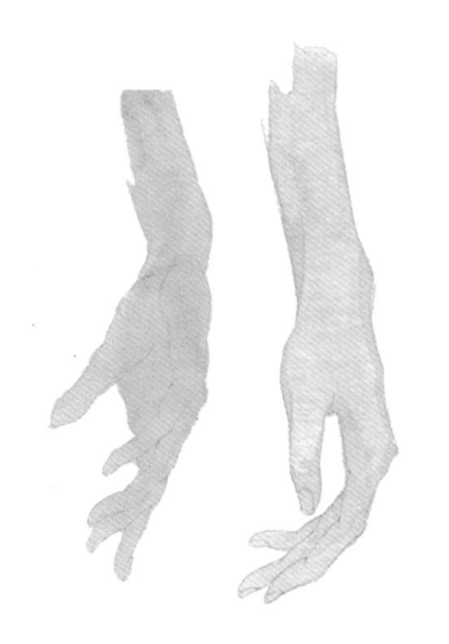

03 STEP
调出肉色，给手部平铺底色，不用预留高光部位。在背光及转折处进行加深。

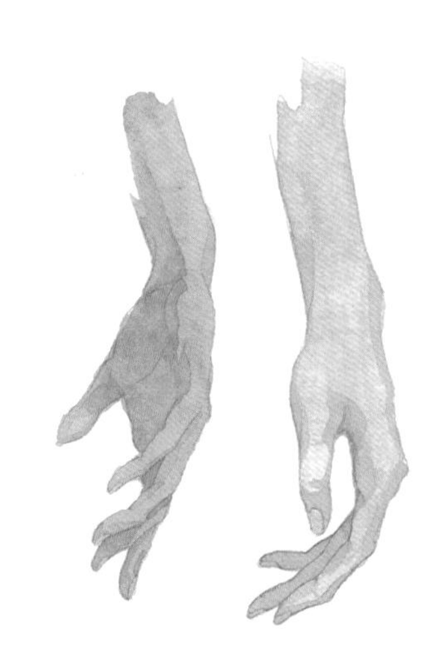

04 STEP
塑造关节的骨骼感，进一步增强手部的明暗对比。

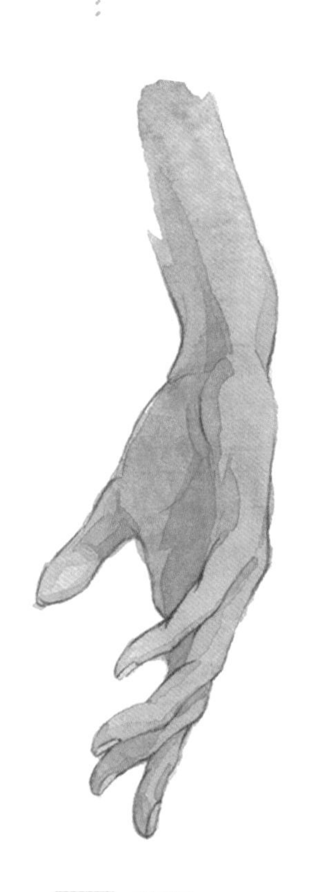

05 STEP
加深线稿，手部的绘制就完成了。

3.7.2 脚部的绘制

脚部的绘制在服装设计效果图中往往会被大家忽略，因为脚部能全部露出来的机会并不多，模特往往是穿着鞋子的。但我们也要了解脚部的形态结构，为画好鞋子打好基础。图 3-15 为脚部绘制解析图。

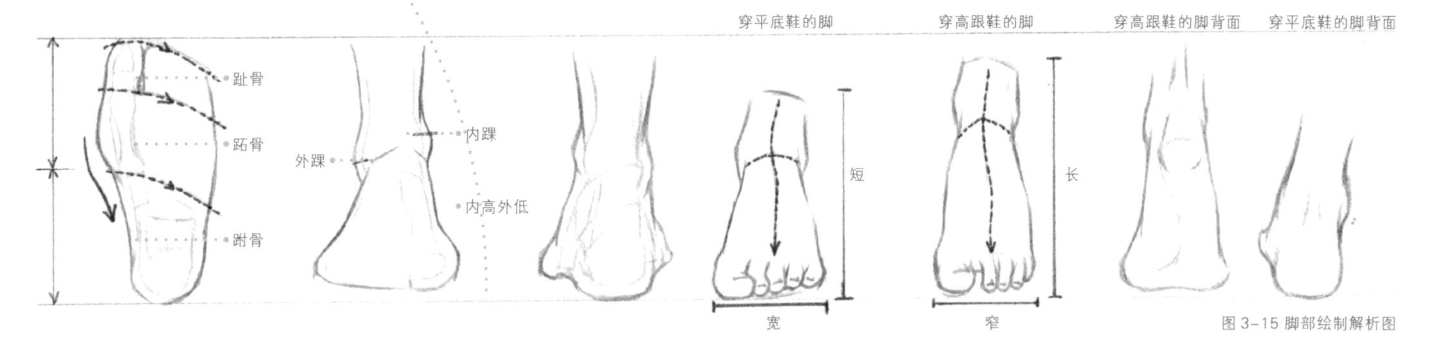

图 3-15 脚部绘制解析图

绘制脚部的基本方法如下。

①掌握脚部的基本结构：脚部由脚掌、脚趾、脚背和脚跟等部分组成，通常用正方形和梯形来概括脚部结构。

②观察真实脚部的形态：可以通过观察真实的脚部或者参考图片来了解脚部的形态和特征，包括脚掌的弧度、脚趾的长度和形状等。

③练习基本线条和形状：通过练习绘制基本的线条和形状来掌握脚部的轮廓和结构，例如可以练习绘制椭圆形的脚掌、细长形的脚趾等。

④逐步细化：在掌握基本轮廓和结构的基础上，逐步细化脚部的细节，包括皮肤的纹理、脚趾的形状等。

图 3-16 为不同形态脚部绘制参考。

绘制脚部的注意事项如下。

①比例要准确：脚部的大小和比例需要与整个身体相协调，不能过大或过小。脚的长度大致与头长和小臂长相同。

②结构要清晰：脚部的结构要清晰、明确，各个部分之间的关系要正确。

③线条要流畅：脚部的线条要流畅、自然，不能过于生硬或抖动。

④光影要合理：光影的添加要合理，能够表现出脚部的立体感和质感，不能过于夸张。

图 3-16 不同形态脚部绘制参考

3.7.3 手臂的绘制

手臂的骨骼包括肱骨、尺骨、桡骨、腕骨、掌骨和指骨等部分，这些骨骼通过关节和肌肉相互连接，共同维持着手臂的稳定性和灵活性。同时，这些骨骼的形态和特征也决定了手臂的外观和动作。手臂的不同动态会产生不同的透视关系，在绘制手臂的时候最难的就是掌握好透视关系，需要多加观察和练习。图 3-17 为手臂绘制解析图。

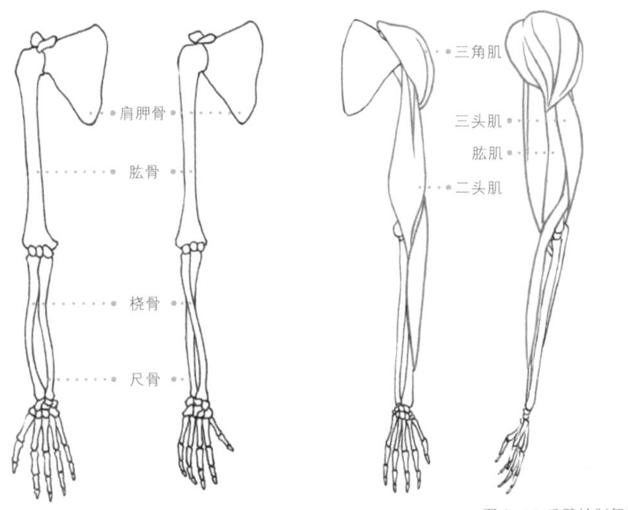

图 3-17 手臂绘制解析图

绘制手臂的基本方法如下。

①掌握手臂的基本结构：手臂由肩部、上臂、肘部、前臂和手腕等部分组成，需要了解它们的基本形态和连接方式。可以把上臂看成圆柱体，前臂看成圆台体。

②观察真实手臂的形态：可以通过观察真实的手臂或者参考图片来了解手臂的形态和特征。

③练习基本线条和形状：通过练习绘制基本的线条和形状来掌握手臂的轮廓和结构，例如可以练习绘制圆柱形的上臂和前臂、球形的肘部等。

绘制手臂的注意事项如下。

①比例要准确：手臂的长度和比例需要与整个身体相协调，同时要注意手臂与身体的衔接处不能出现不自然的扭曲或变形。

②结构要清晰：手臂的结构需要清晰、明确，各个部分之间的关系要正确。特别是对关节部分的处理，需要表现出其灵活性和运动感。

③动态要自然：在绘制手臂时，要注意表现出其动态感。可以根据人物的动作和姿态来调整手臂的形态和角度，使其看起来更加自然、生动。男性的胳膊较女性来说更加健硕，要适当表达出手臂的肌肉感。

图 3-18 为不同形态手臂绘制参考。

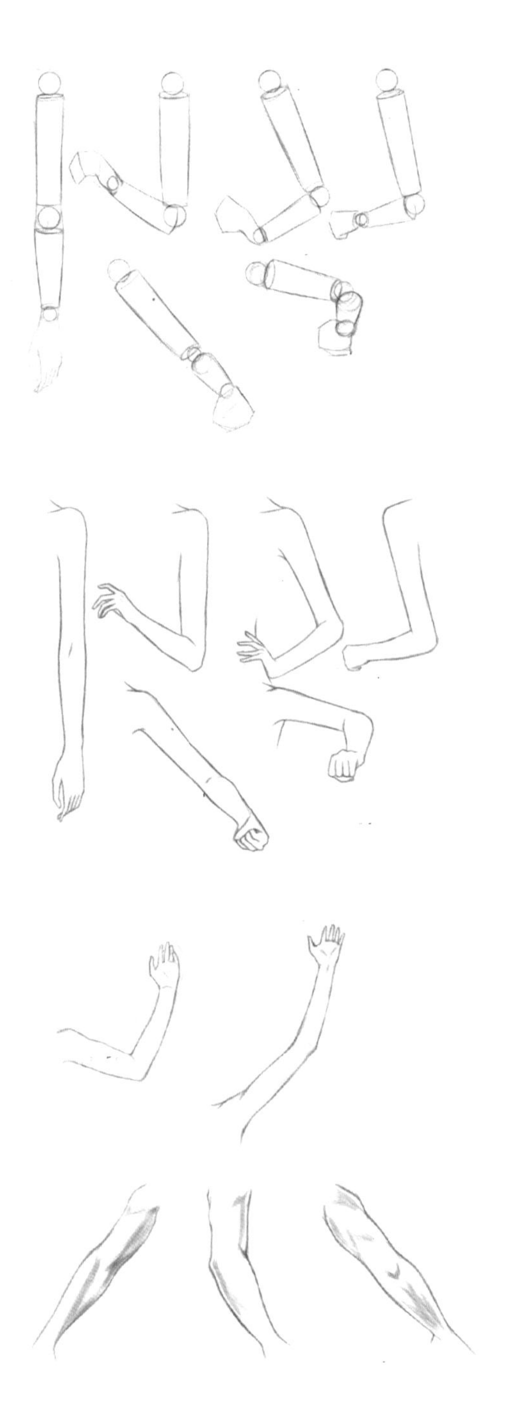

图 3-18 不同形态手臂绘制参考

用水彩绘制手臂的步骤如下。

01 STEP
进行手臂线稿的绘制，将肌肉的转折关系画出来。线稿要画得干净、清晰。

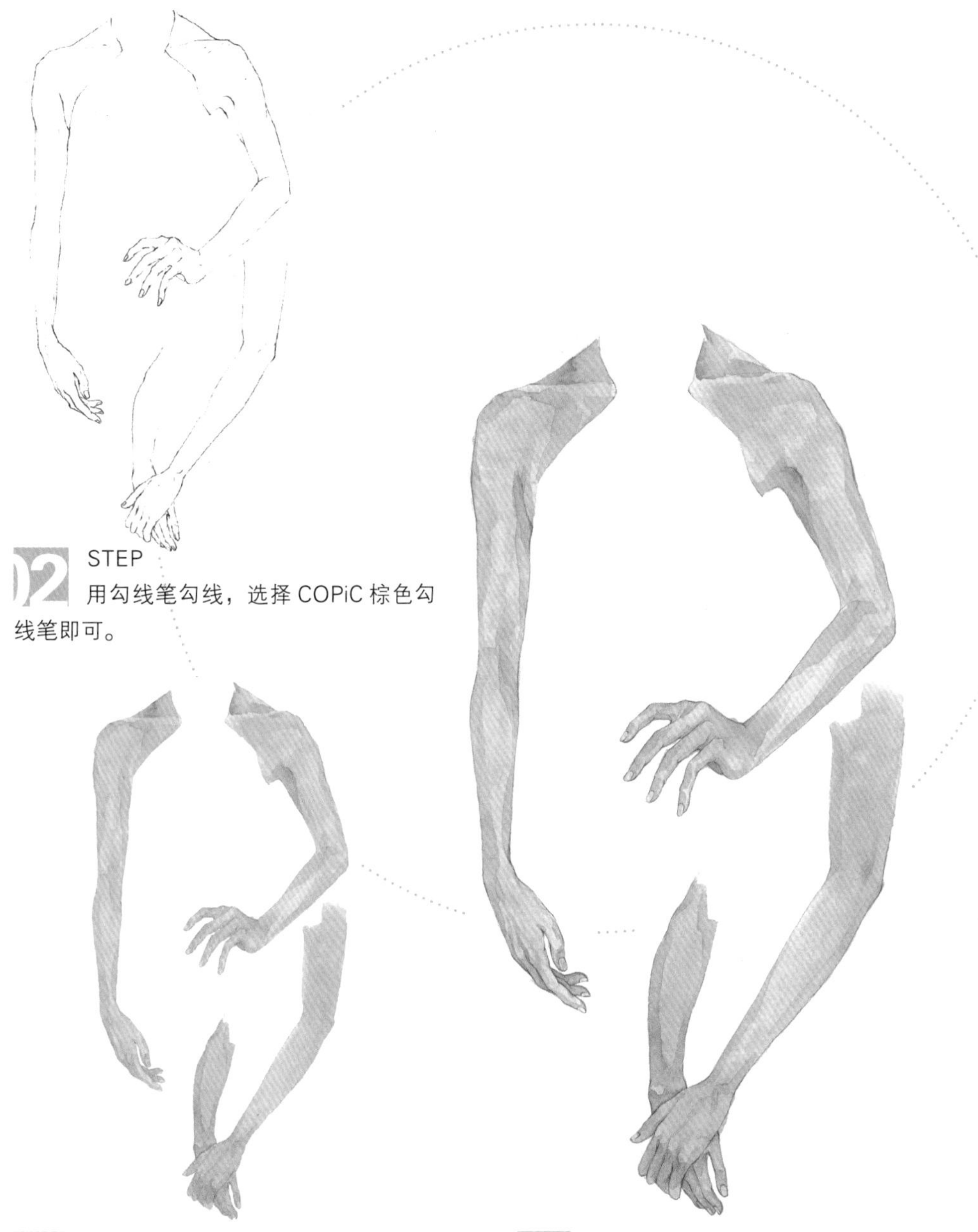

02 STEP
用勾线笔勾线，选择 COPiC 棕色勾线笔即可。

03 STEP
调出肉色，给手臂平铺底色，不用预留高光部位。

04 STEP
先对两只胳膊进行空间上的区分，远处的胳膊颜色要加深。然后塑造手臂关节处的转折关系，并加深锁骨、腋窝、手腕这些会产生动态的地方。

05 STEP
加深线稿，手臂的绘制就完成了。

3.7.4 腿部的绘制

在服装设计效果图中，腿部的绘制占据了很重要的一部分。腿部姿势千变万化，但最主要的还是走姿。腿部的骨骼包括股骨、髌骨、胫骨和腓骨等部分，这些骨骼通过关节和肌肉相互连接，共同维持着腿部的稳定性和灵活性。同时，这些骨骼的形态和特征也决定了腿部的外观和动作。

图 3-19 为腿部绘制解析图。

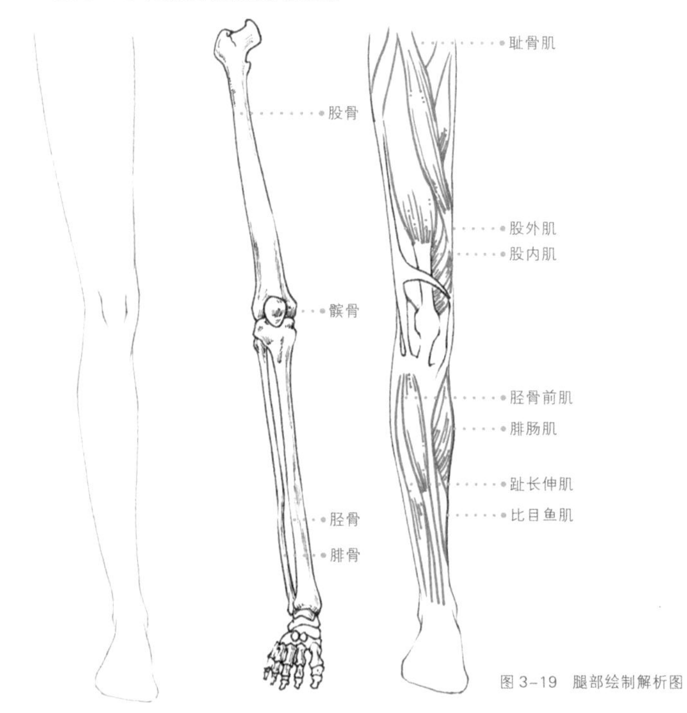

图 3-19 腿部绘制解析图

在绘制腿部时，可以遵循以下步骤。

①确定比例：先确定腿部与整个身体的比例，以及大腿、小腿和脚的比例。一般来说，大腿的长度约等于小腿加脚的长度。

②画出轮廓：根据比例，用简单的线条画出腿部的轮廓，包括大腿、小腿和脚的外形。

③添加肌肉结构：在轮廓的基础上，添加腿部的肌肉结构。大腿主要有前侧的股四头肌和后侧的股二头肌，小腿则有腓肠肌和比目鱼肌等。要注意肌肉的分布和走向，表现出腿部的立体感和力量感。男性腿部的骨骼感及肌肉感要强烈一些。

④细化线条：根据肌肉的走向和结构，细化腿部的线条，使其更加流畅、自然。要注意表现出肌肉的起伏和转折，以及膝盖和脚踝等关节的细节。

在绘制腿部时，还需要注意以下几点。

①比例要准确：腿部的比例要与整个身体相协调。

②结构要清晰：腿部的肌肉和骨骼结构要清晰明确，各个部分之间的关系要正确。特别是对关节部分的处理，需要表现出其灵活性和运动感。

③线条要流畅：腿部的线条需要流畅、自然，肌肉的线条需要根据其走向来绘制，表现出其张力和弹性。

④注意动态感：在绘制腿部时，要注意表现出其动态感。可以根据人物的动作和姿态来调整腿部的形态和角度，使其看起来更加自然、生动。

图 3-20 为不同形态腿部绘制参考。

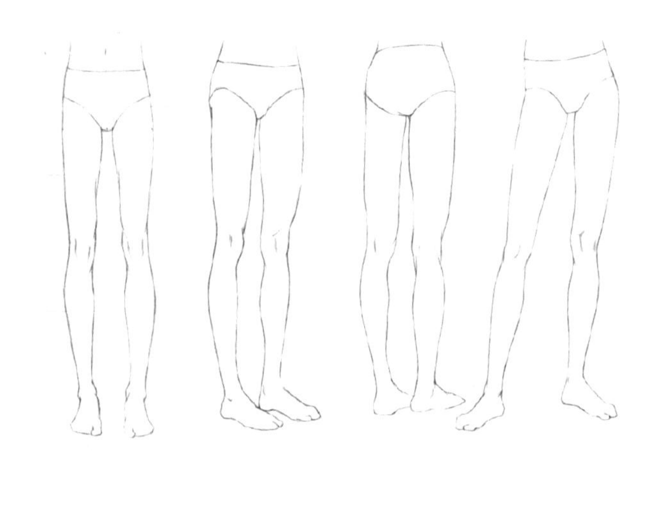

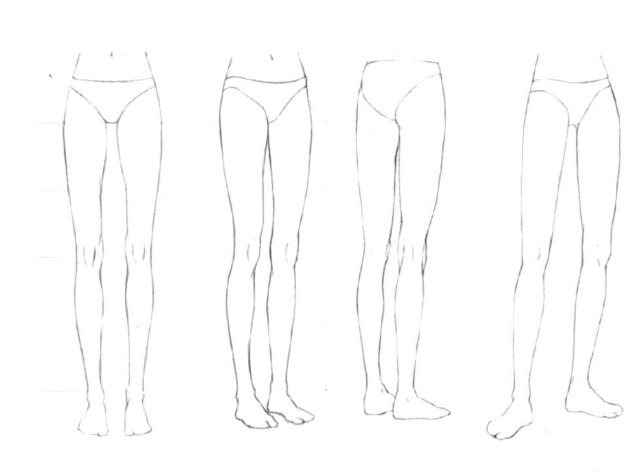

图 3-20 不同形态腿部绘制参考

用水彩绘制腿部的步骤如下。

01 STEP 进行腿部线稿的绘制，将肌肉的转折关系画出来。线稿要画得干净、清晰。

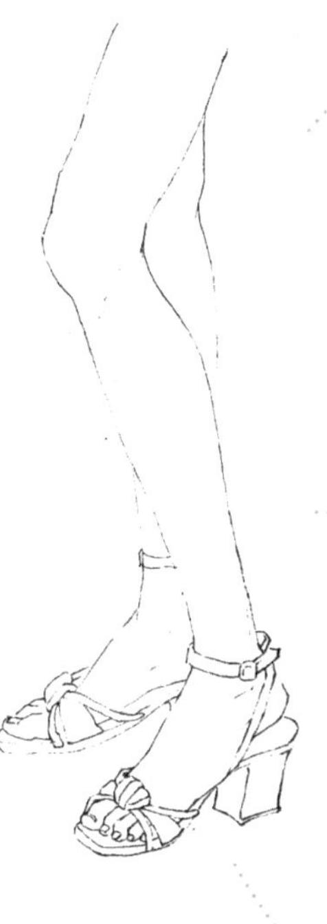

02 STEP 用勾线笔勾线，选择COPiC棕色勾线笔即可。

03 STEP 调出肉色，给腿部平铺底色，不用预留高光部位。

04 STEP 先对前面的腿、后面的腿进行空间上的处理，后面的腿颜色要加深。接着塑造髌骨和肌肉的转折关系。

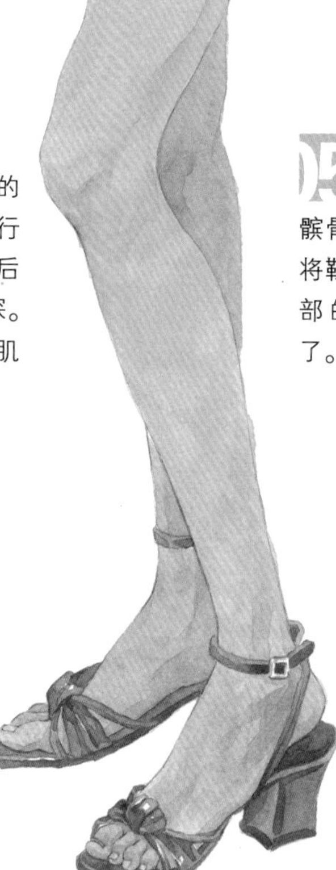

05 STEP 进一步加深髌骨处的骨骼感，将鞋子塑造好，腿部的绘制就完成了。

3.8 人体上色

在人体上色的过程中，需要注意以下几点。

①保持线条的清晰：在上色时，要确保人物的线条清晰可见，可以先用勾线笔进行勾线。

②注意颜色的搭配：在选择颜色时，要注意它们的搭配和协调性，避免使用过于相似或对比过于强烈的颜色，以免使画面显得平淡或混乱。

③控制颜色的饱和度：在上色时，注意控制颜色的饱和度。过于鲜艳的颜色可能会使画面显得刺眼，而过于灰暗的颜色则可能会使画面显得沉闷。

④保持整体感：在上色时，要注意保持画面的整体感，避免过于关注细节而忽略了整体效果。

给人体上色的步骤如下。

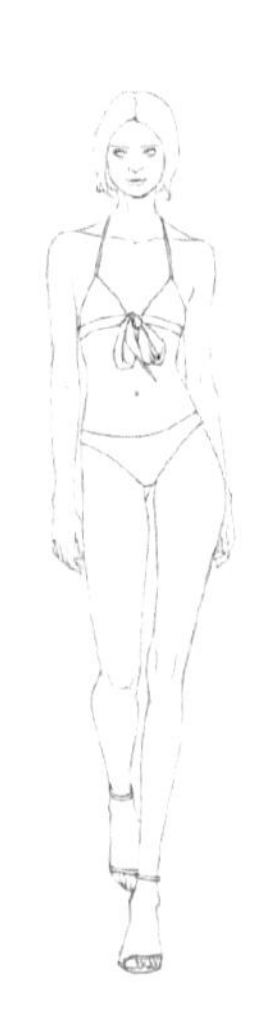

01 STEP 选择底色：选择适合给人体皮肤上色的马克笔的颜色。

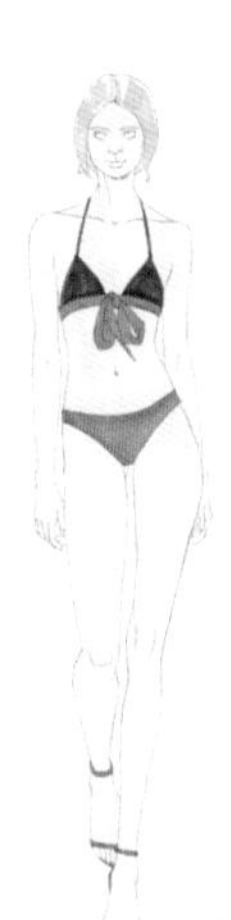

02 STEP 底色填充：使用选定的马克笔给整个人体上底色。

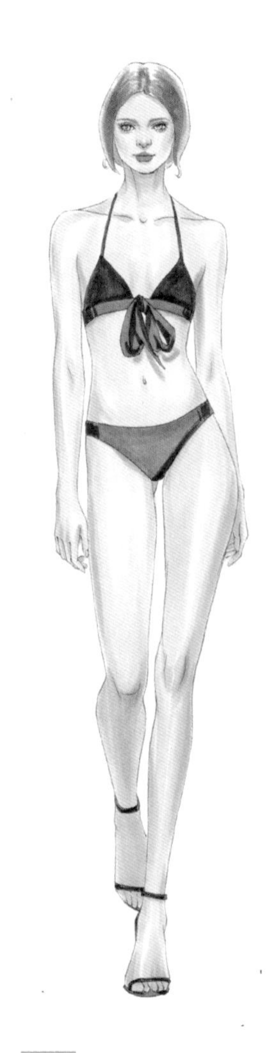

03 STEP 阴影和高光：确定光源的方向，并在模特的身体上添加阴影和高光。阴影应该位于身体凹陷的部分，如腋窝、颈部和关节；高光应该位于身体凸出的部分，如肌肉的隆起处和骨骼的凸出处。

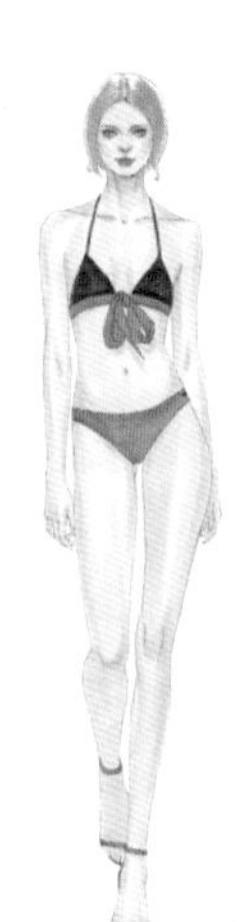

04 STEP 增加层次和细节：通过使用不同的颜色，增加人体的层次和细节。可以在模特的脸部添加红润的色调，或者在肌肉上添加阴影和高光，以增强其立体感。

05 STEP 调整颜色：在完成上色后，检查人体的整体颜色是否协调。如果有必要，可以调整某些区域的颜色，以确保整体效果的一致性。

用水彩绘制人体的注意事项如下。

①注意色彩关系和整体色调：在开始上色前，确定画面上的主要色彩关系及色调。不要过于关注人体的细节塑造，而是将人体画得朦胧、浑圆一些，特别是浅色关系要准确。这样在进一步塑造人体时，可以更容易地掌握色彩关系。

②铺设基本颜色：在第一遍上色时，主要关注大的色彩关系和大的形体感。不要企图一下子画出人体的全部细节，要留有余地。根据部位的明暗程度适当地画浅一些，因为底色铺得浅一些，下一步还可以加深、细化。这样经过几次叠加，可以达到准确、透明、丰富的效果。

③注意光影效果：在画面的基本形体和色彩关系确定之后，开始表现光影效果。注意给人物的受光部分及背光部分铺上颜色，此时人物的形体虽然还不具体，但为下一步进行形体塑造打下了基础。

④深入刻画：在大的色彩关系和形体感确定之后，可以开始深入刻画细节。这一步需要更加关注人体的具体形态和结构，以及色彩的细微变化。使用较细的画笔和更深的颜色添加细节和阴影，增强人体的立体感和质感。

⑤保持整体性：在整个上色过程中，要时刻保持画面的整体性。即使是在深入刻画细节时，也要注意整体效果，避免出现局部过于突出或色彩过于杂乱的情况。

⑥注意女性和男性特征：在为男性人体上色时，要注意突出男性的特征。可以通过色彩和笔触来强调肌肉的线条和质感，以及男性的肤色特点。

⑦细节处理：最后阶段要对画面进行细节处理，包括对色彩的微调、对形体的修正、对光影效果的完善等。

图 3-21 为不同形态人体绘制参考。

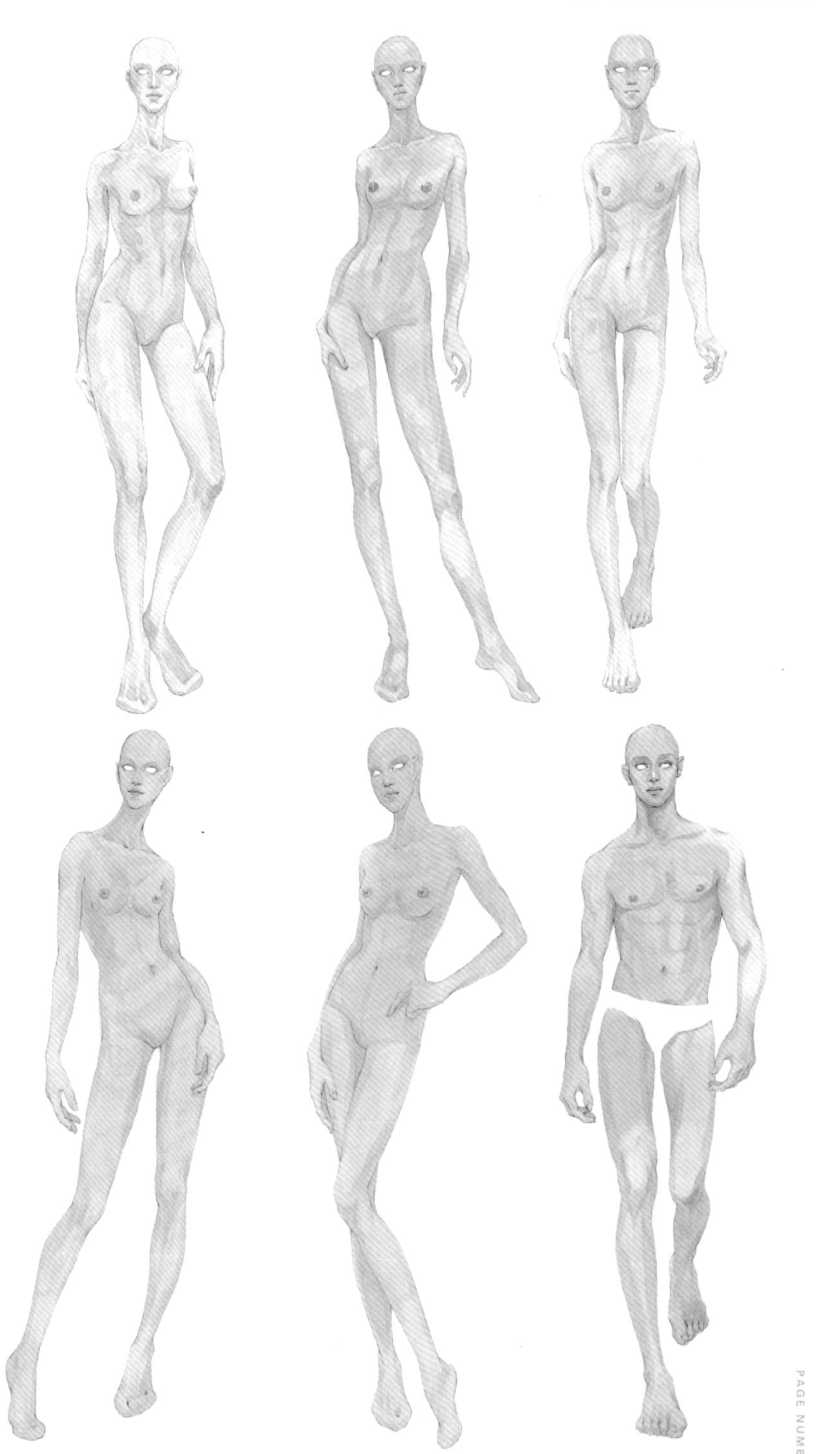

图 3-21 不同形态人体绘制参考

GUZHUANG SHEJI XIAOGOUTU DE FUZHUANG BIAOXIAN

服装设计效果图的服装表现

04

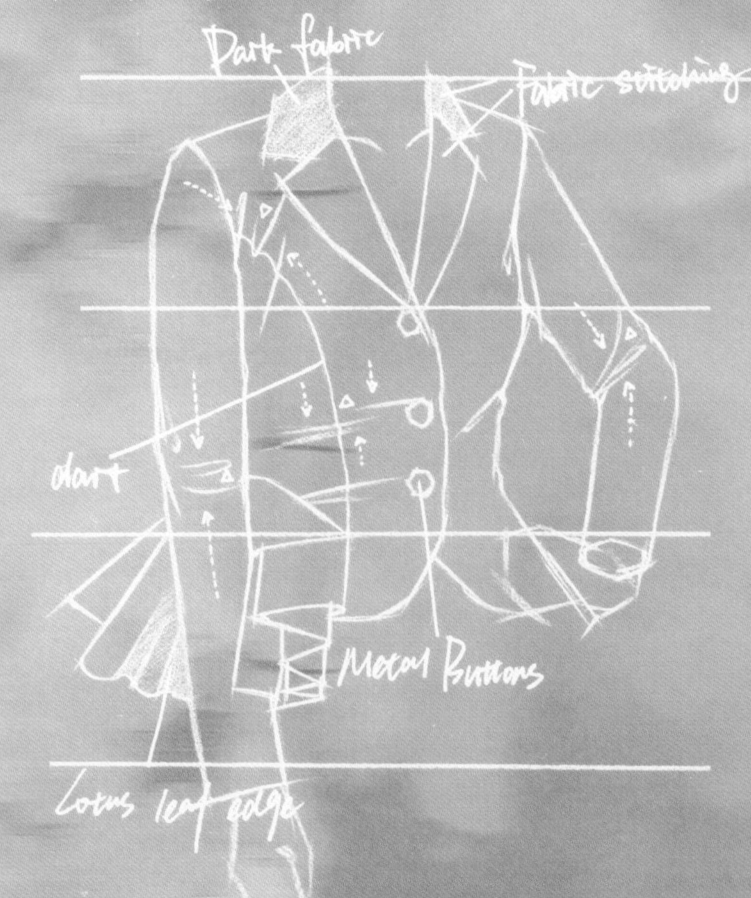

4.1 服装与人体之间的关系

服装与人体之间的关系是绘画中经常探讨的主题之一。服装作为人体的第二层皮肤，能够传达出人物的性格、情感和身份信息。从绘画角度来看，服装可以表现出人体的形态和动态。服装的轮廓和线条可以暗示人体的轮廓和肌肉线条，从而增强人物的身体语言表达和动态感。例如，紧身的服装可以强调身体的曲线，而宽松的服装则可以营造出柔和、舒适的感觉。因此，在绘画中，处理好服装与人体之间的关系，可以增强画面的表现力和感染力（图 4-1）。

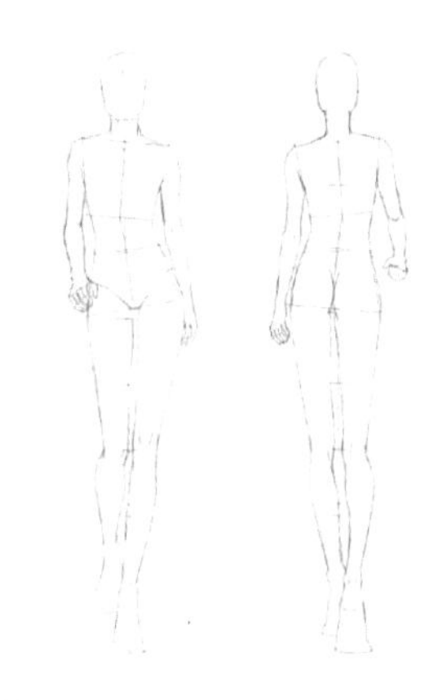

01 STEP 绘制出除去服装后的人体造型，被遮挡住的部分要凭借经验补充完整。正、背面要对称着来画。

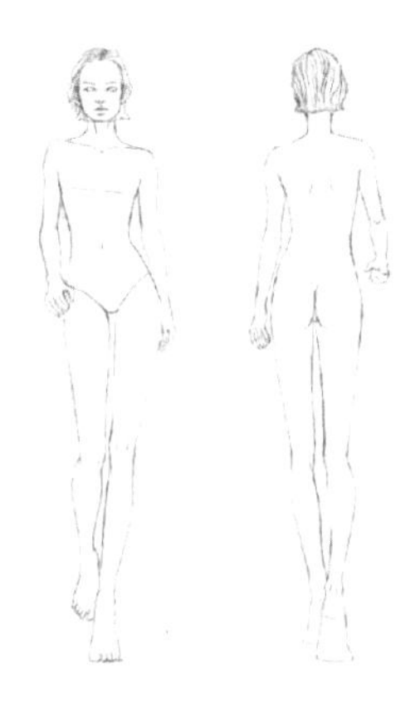

02 STEP 将人体细化，画出模特的头部，将多余的辅助线擦掉，避免影响后续的绘画。

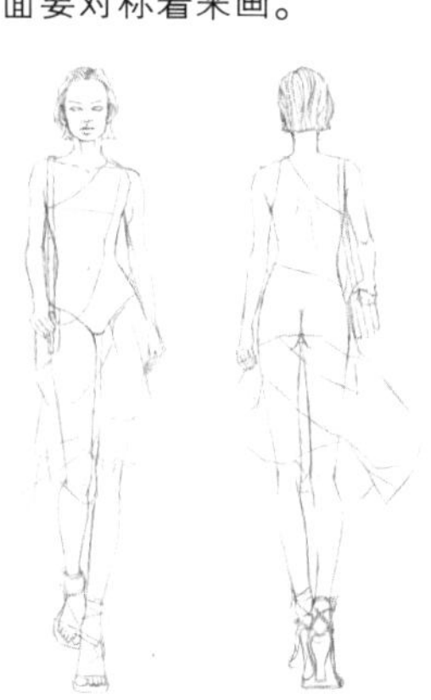

03 STEP 用线条找出服装的大致廓形和结构线，横向、纵向都要找到参考。

04 STEP 参照秀场图绘制出裙子。裙子的褶皱较多，需要进行简化处理。先找到关键褶皱进行绘制，再去补充较小的褶皱。

图 4-1 服装与人体的关系

人体在活动时，衣服会随着身体的动作而发生摩擦，从而产生褶皱。这些褶皱的产生与衣服的重量、布料特性以及人体的动态有关。不同的布料，例如柔软、轻薄的布料和硬质布料，在人体动态的影响下，产生的褶皱就会有所不同。在学习绘制完整的服装设计效果图之前要了解服装与人体之间的关系。

图 4–2 为不同人体动态绘制参考。

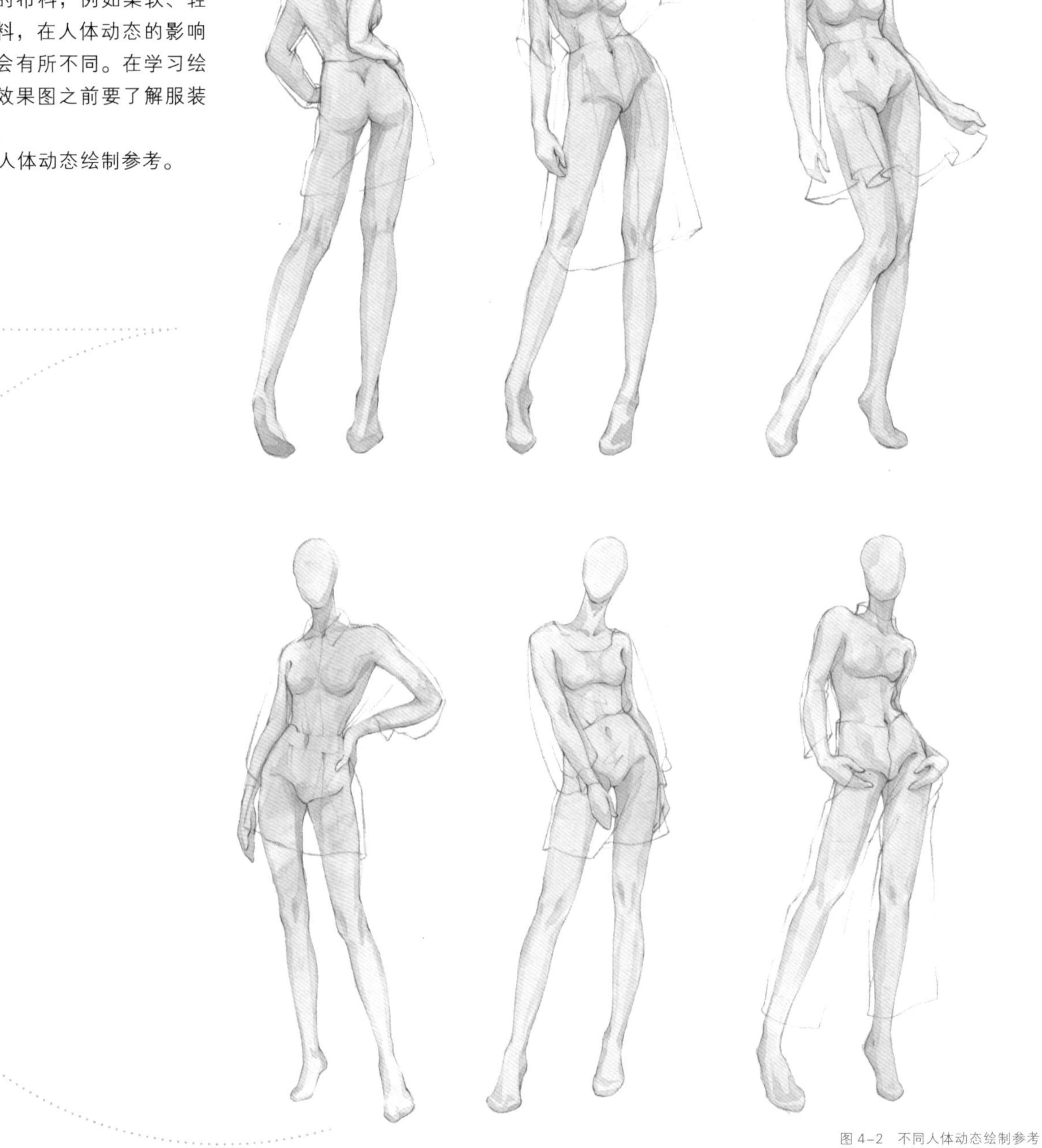

图 4–2　不同人体动态绘制参考

4.1.1 上衣线稿

在服装设计效果图中，上衣的绘制是比较有趣的，因为上衣的设计点很多，无论是领子、袖子、衣身还是下摆，都有设计的可能性，所以要准确绘制出设计亮点和服装的特点（图 4-3）。

图 4-3 上衣线稿

03 STEP

先绘制上衣本身的褶皱。如果服装本身做了垂荡褶，那就要将褶皱画得密集一些。再去观察服装的面料，如果服装的面料较厚，上衣的褶皱就不会太多，并且褶皱的形态较长。如果服装的面料较薄，上衣的褶皱就会较多。最后调整上衣的细节，比如袖窿的位置，是否有口袋，上衣的缝纫线，等等。

上衣线稿的绘制步骤如下。

01 STEP

先将模特的上身动态绘制出来，注意胳膊的动态比较多，绘制要准确。

02 STEP

绘制出上衣的领子、袖子、衣身等，注意是否有腰带。注意上衣的动态褶皱，其大多集中在腰部和肘窝处。

4.1.2 裤子线稿

在服装设计效果图中，裤子的绘制相较于裙子和上衣会更难一些。裤子会随着人体的动作产生动态褶皱，并且其本身也会产生面料褶皱。在绘制中要厘清思绪，先将裤子的动态褶皱画好，再去画裤子的面料褶皱。

裤子线稿的绘制要点如下。

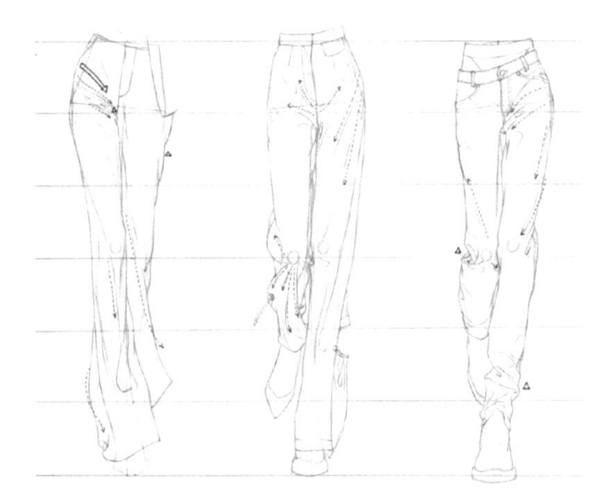

TIPS01 可以先将模特的腿部动态绘制出来，注意前后腿的遮挡关系。如果两腿并得太紧，可以处理一些缝隙出来，这样绘制出的效果图更透气一些。

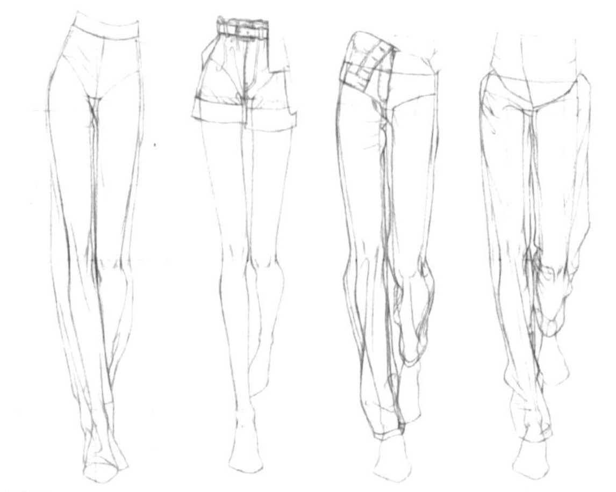

TIPS 02 绘制出裤子的裤腰、裤长、裤腿和裤宽，这样可以确定裤子的品类。比如，西装裤大多比较合腿，牛仔裤大多是随着腿型来的（阔腿牛仔裤除外），运动裤大多是收紧裤脚、较为宽松的，短裤大多是合体的。当然有特殊设计的时候会有区别。

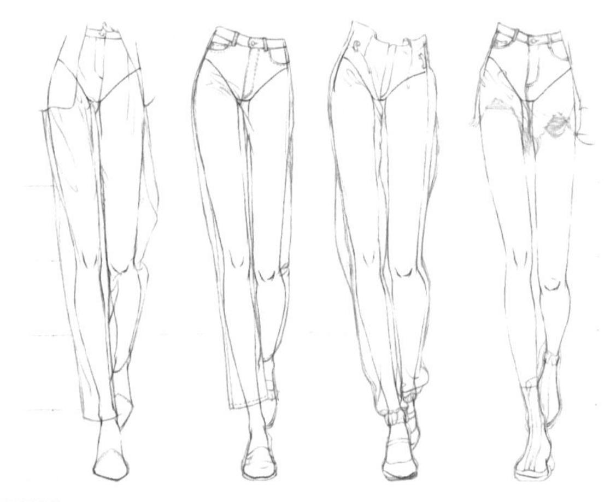

TIPS03 绘制出裤子的动态褶皱，这样可以体现出裤子随着人体的动作而变化。动态褶皱大多集中在裆部、膝盖和裤脚处。动态褶皱绘制好后整体线稿会更生动。

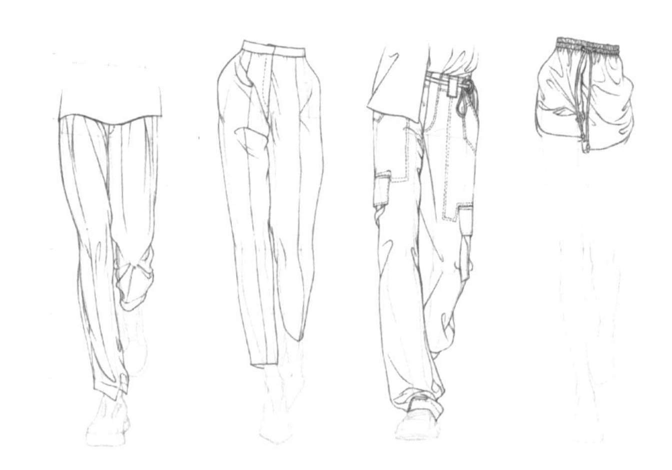

TIPS04 绘制出裤子的面料褶皱。比如，西装裤的褶皱较少，牛仔裤的褶皱较多，运动裤的褶皱较大。最后调整裤子的细节，比如裤腰缝纫线、纽扣、裤兜缝纫线等。

4.1.3 裙子线稿

裙子的设计点在服装设计中也是比较多的，在绘制前要观察裙子的设计亮点及面料特征。
裙子线稿的绘制步骤如下。

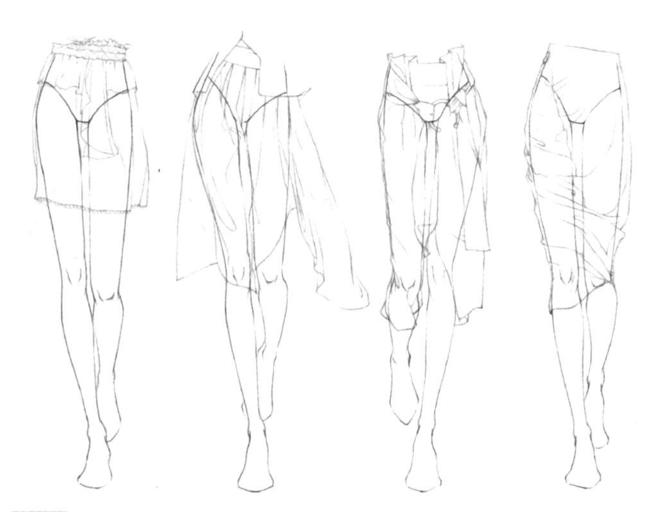

01 STEP
先将模特的腿部动态绘制出来，和绘制裤子的时候一样，注意前后腿的遮挡关系。如果两腿并得太紧，可以主观处理一些缝隙出来，这样绘制的效果图更透气一些。

02 STEP
绘制出裙子的裙腰、裙长、裙子的飘逸姿态。注意，裙子的动态褶皱大多集中在膝盖和胯部。

03 STEP
绘制出裙子的面料褶皱。裙子的面料大多比较轻薄，褶皱比较细且垂。如果是包臀裙，那么褶皱就会集中在两腿中间。最后调整裙子的细节，比如裙腰缝纫线、纽扣、裙兜缝纫线等。

4.2 服装廓形表达

服装廓形是指服装整体的外部轮廓，它是除色彩外最能被人注意到的要素，它进入人的视野的速度和强度都高于局部细节部分，它能够决定一件衣服给人的总体印象。

服装廓形有三种分类方式，即按字母形状分类、按几何形状分类、按物体形状分类。其中，按字母形状分类的服装廓形有 H 型、A 型、X 型、O 型、Y 型、V 型、S 型等。

4.2.1 H 型廓形

H 型廓形也称长方形廓形，较为强调肩部造型，不强调胸部和腰部的曲线，是呈直线形外轮廓的简约设计，使人有修长、干练的感觉，具有严谨、庄重的男性化风格特征。

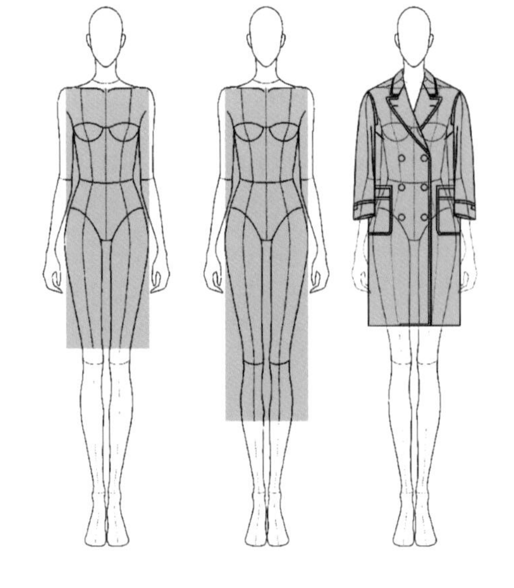

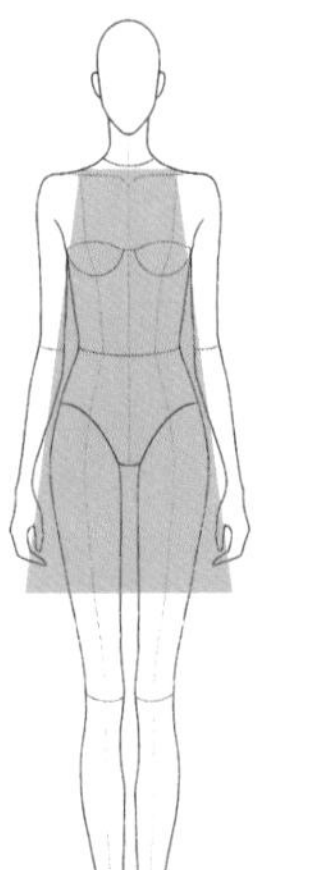

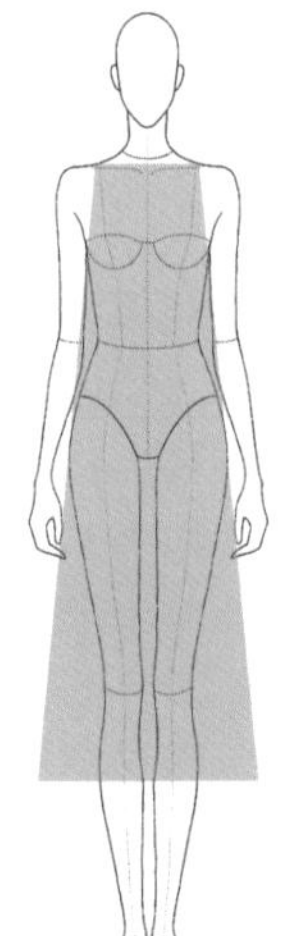

4.2.2 A 型廓形

A 型廓形是通过修饰肩部和夸张下脚线形成的，具有上紧下松的特点，可让人体现稳重、优雅、浪漫、活泼的特征。

4.2.3 X 型廓形

X 型廓形是一种强调女性柔美特征的服装廓形，其特点是肩部稍宽，腰部紧收，下摆放开，形成 X 形线条。X 形线条性感、优美，充分勾勒出女性的曲线美，通常在经典风格和淑女风格中被大量使用。

4.2.4 O 型廓形

O 型廓形是一种上下收紧的服装廓形，它的外部轮廓线相对柔和、圆润、可爱。O 型服装会让身体充分得到自由，叠穿也会好看。搭配 O 型廓形服装的人物，手臂和腿部要尽量修长。

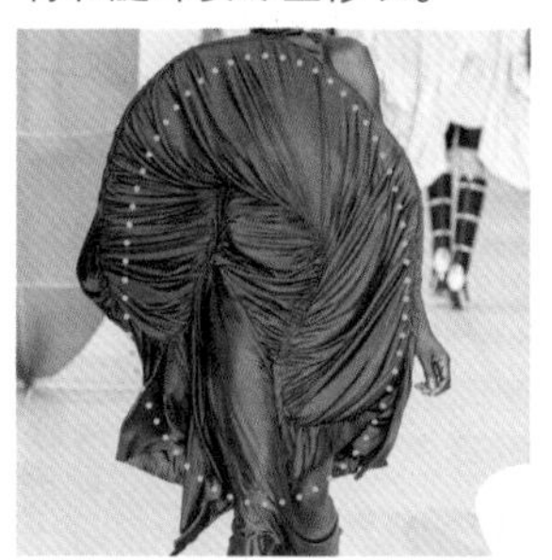

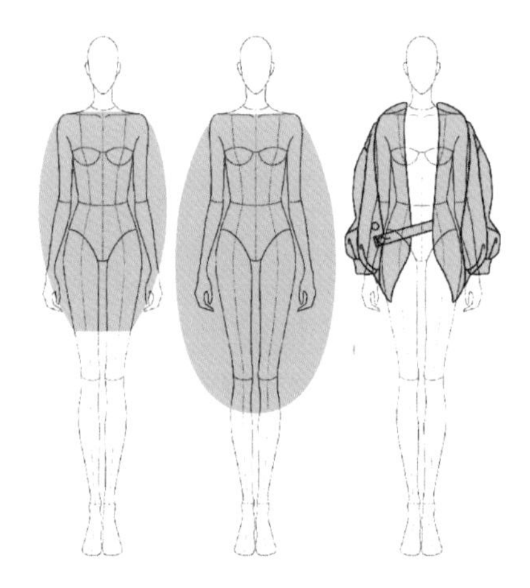

4.2.5 Y 型廓形

Y 型廓形是一种上宽下窄的服装廓形，也称为倒三角形、倒梯形。这种廓形强调夸张肩部，臀部方向收拢，下身紧贴，形成上大下小的服装廓形。Y 型廓形收缩、修饰臀部和腿部，通过服装外轮廓边缘线的延长，让人显得潇洒、威武。

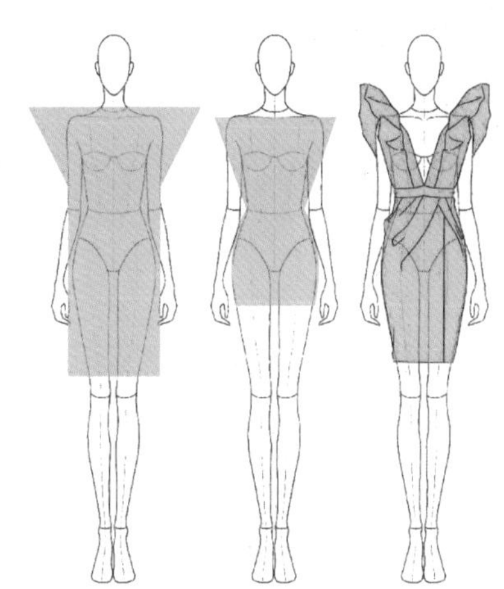

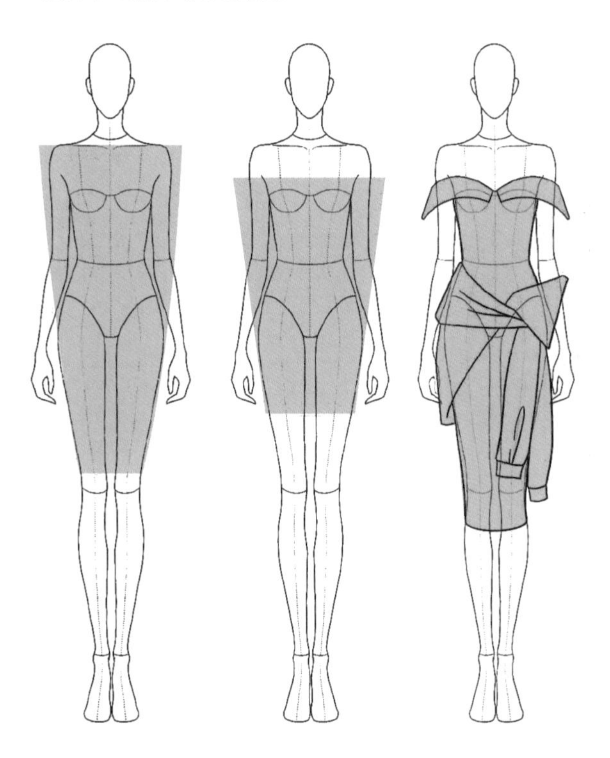

4.2.6 V 型廓形

V 型廓形也称为三角形廓形。在设计中一般收缩下摆，强调肩宽的特征，给人洒脱、奔放的感觉。V 型廓形整体外形夸张、有力度、有阳刚气，体现个性和时代感。

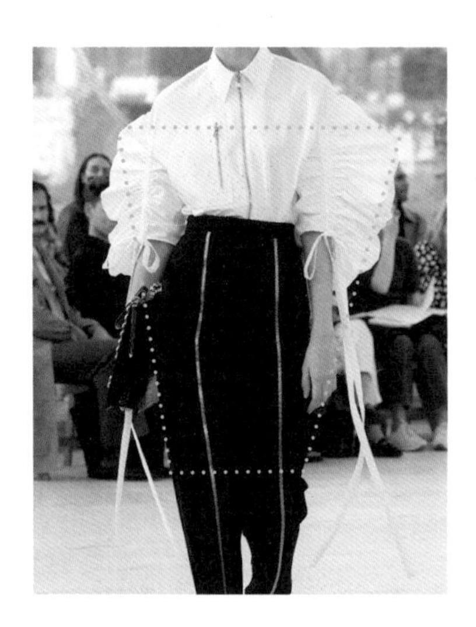

4.2.7 S 型廓形

S 型廓形通常是紧身造型，非常凸显女性身材，体现出女性特有的浪漫、柔和、典雅、性感的魅力。S 型廓形胸、臀围度适中而腰围收紧。较 X 型廓形而言，S 型廓形的女性味更为浓厚。它通过结构设计、面料特性等达到体现女性 S 形曲线美的目的。

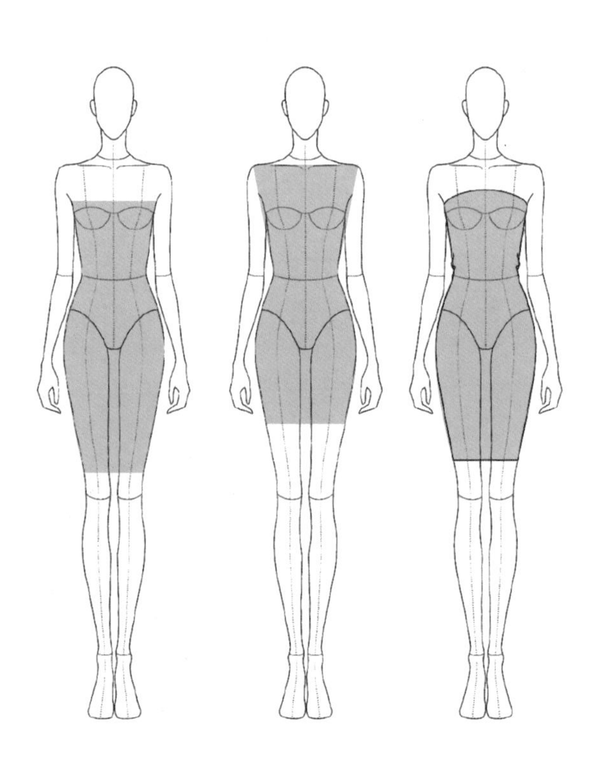

FUSHI DANPIN HUIZHI BIAOXIAN

服饰单品绘制表现

05

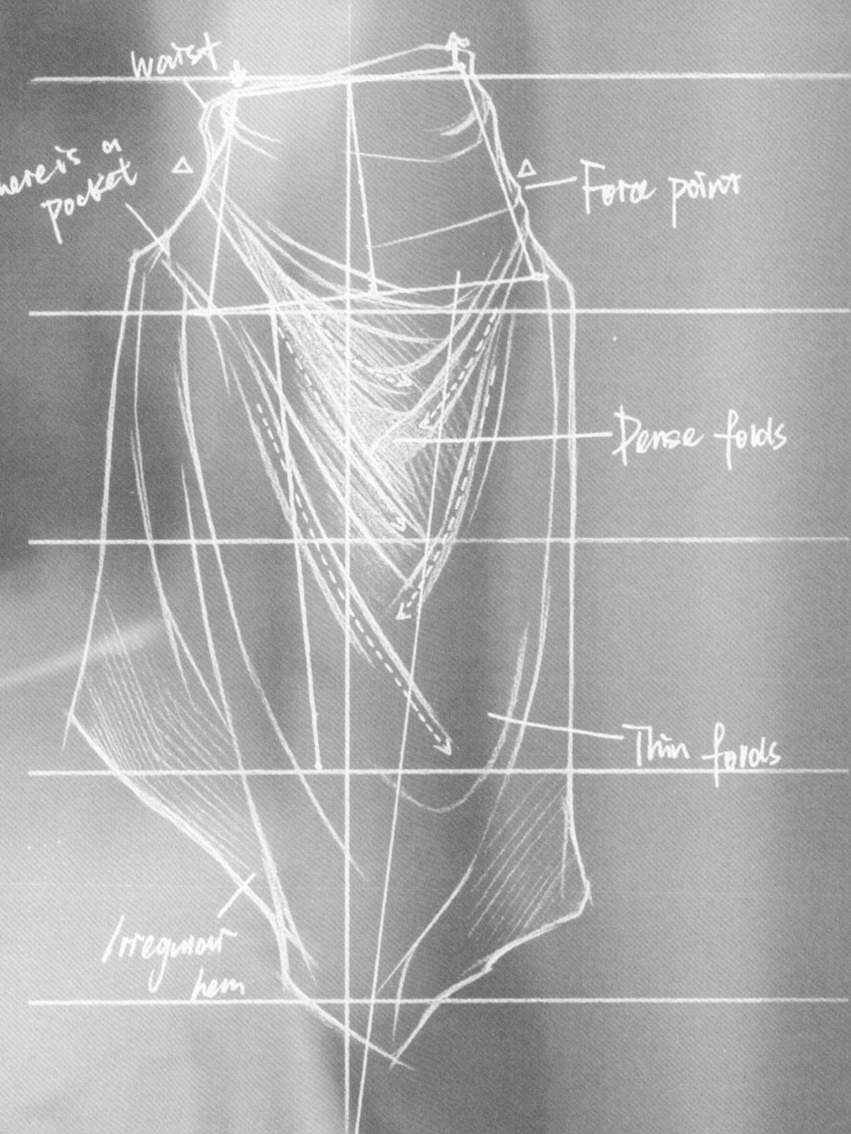

5.1 帽子

帽子是戴在头部的服饰，多数可以覆盖头的整个顶部。帽子主要用于保护头部，部分帽子会有凸出的边缘，可以遮挡阳光。帽子可作装饰之用，也可以用来保护发型。帽子大体可以分为时装帽、休闲帽、冬帽、棒球帽等品类，在绘制服装设计效果图的时候加上帽子这种配饰，可以更好地体现服装的风格。

5.1.1 帽子的结构和佩戴位置

帽子的结构和佩戴位置分别如图 5-1 和图 5-2 所示。

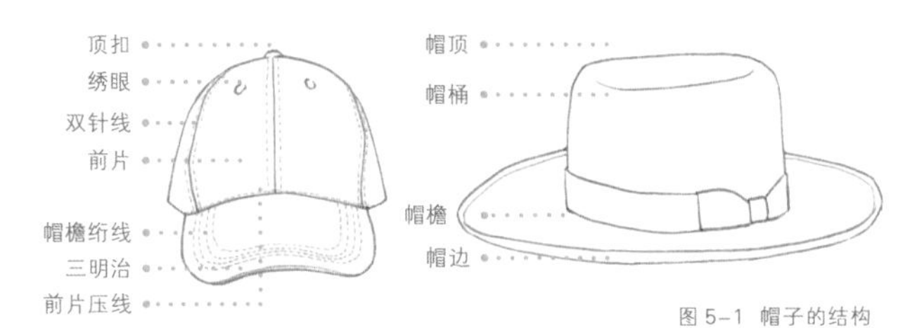

图 5-1 帽子的结构

头顶
眉毛
眼睛

图 5-2 帽子的佩戴位置

5.1.2 帽子的绘制方法

帽子的绘制方法如下。

01 STEP 用铅笔画出帽子的形状，在单体练习的时候不用去管帽子和头部之间的关系，只需要将帽子的大致形状画准即可。

02 STEP 用 COPiC 勾线笔和慕娜美彩色勾线笔勾线。

03 STEP 给模特的头发和露出来的皮肤上色。

04 STEP 用马克笔给帽子和衣服铺底色。

05 STEP 逐步加深帽子和衣服的颜色，找到明暗关系。最后塑造出帽子的面料特征即可。

5.1.3 不同帽子赏析

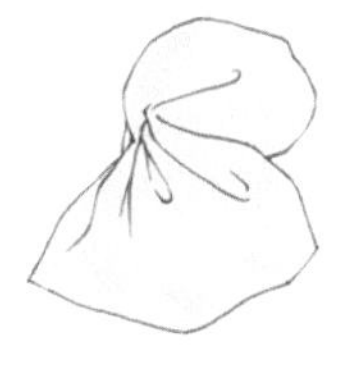

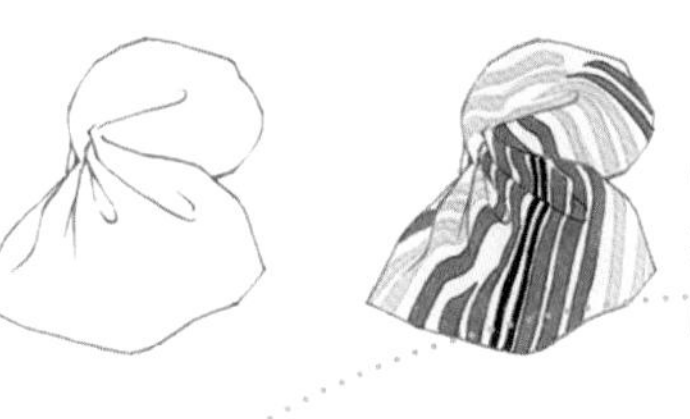

装饰帽：整体形态如同中间收褶的蝴蝶结，绘制时要注意褶皱的绘制及前后的明暗区分。

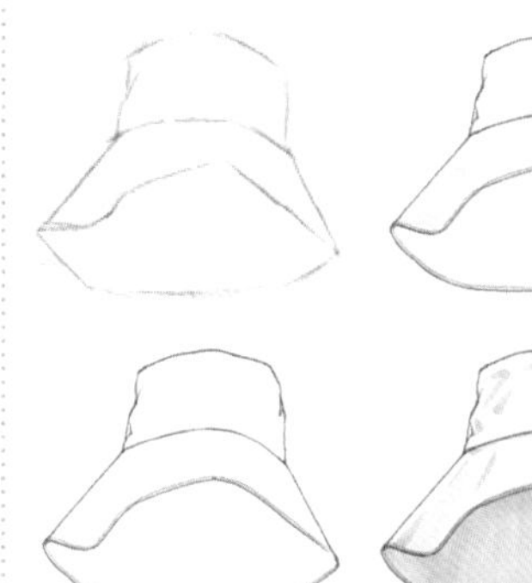
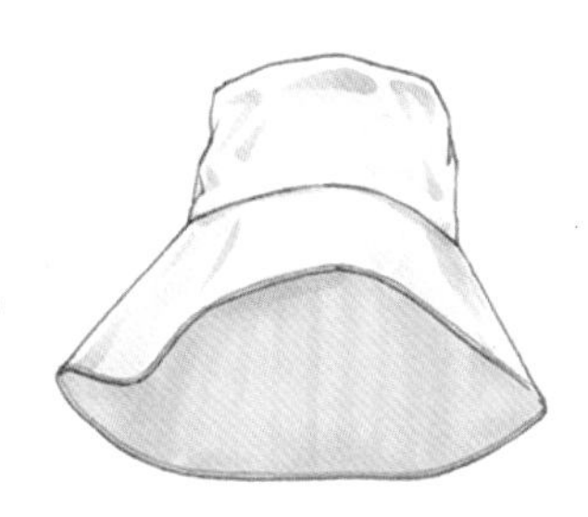

宽沿帽：其绘制难点在于帽檐和脸部的比例关系及帽子上的装饰。

爵士帽：在绘制的时候要注意爵士帽帽身的高度，以便区分大礼帽和小礼帽。

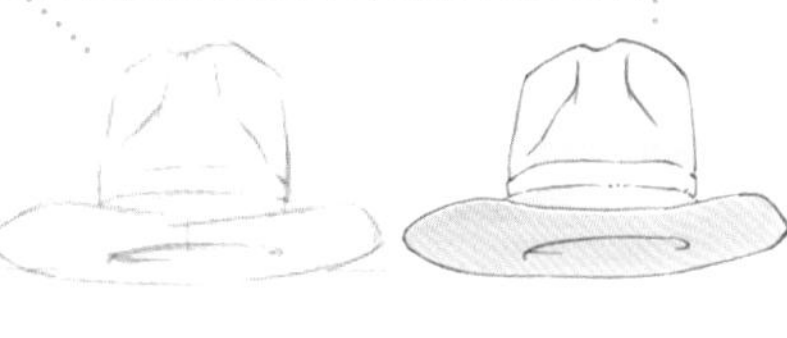

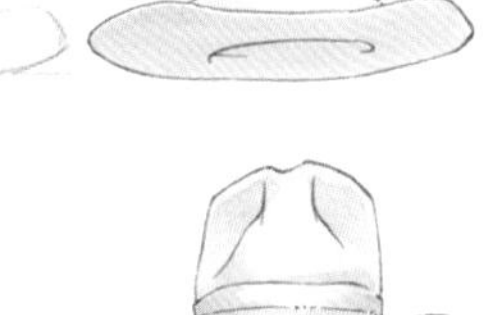

礼帽：设计点在于帽围和颜色，绘制难度较低，掌握好帽子的形态即可。

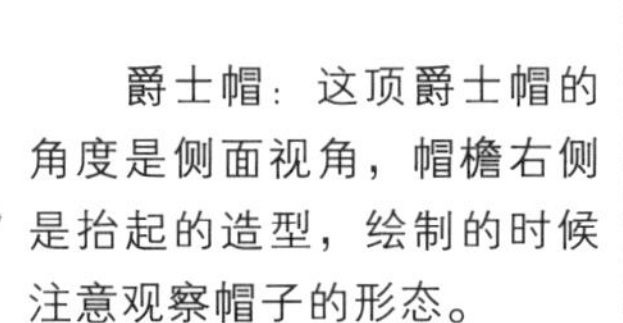

爵士帽：这顶爵士帽的角度是侧面视角，帽檐右侧是抬起的造型，绘制的时候注意观察帽子的形态。

草帽：绘制时要将草帽的质感表达出来，可用点的笔触进行绘制。注意要加深阴影部分的质感。

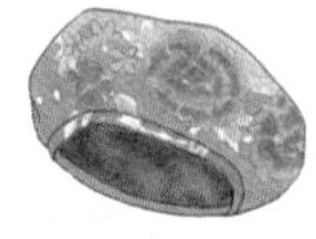
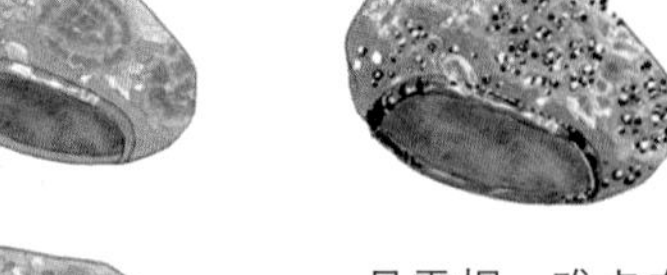

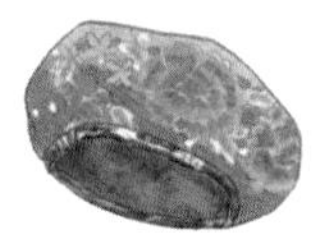

贝雷帽：难点在于面料的绘制，绘制之前要将纹样及面料特征分析好。

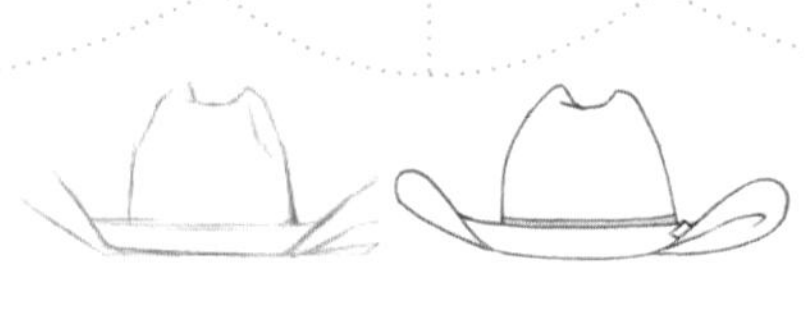

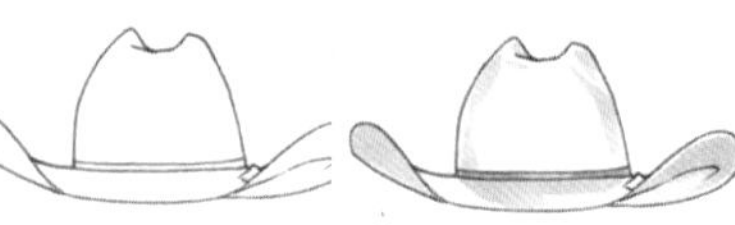

牛仔帽：通常有较宽的帽檐，虽然名字里有“牛仔”二字，但较少使用牛仔面料，会在纹样及面料上进行创新。

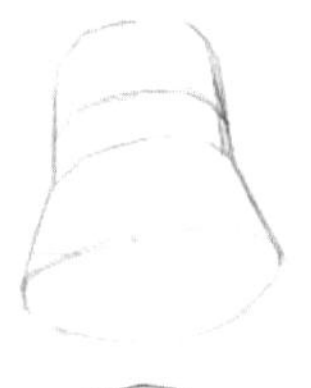

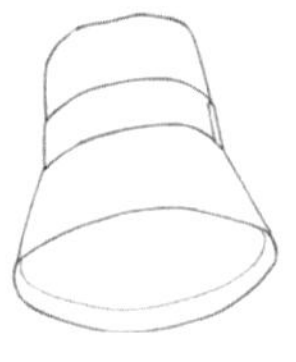

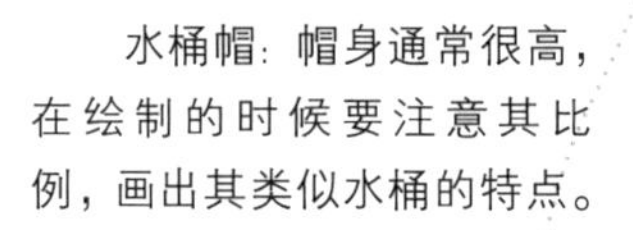

水桶帽：帽身通常很高，在绘制的时候要注意其比例，画出其类似水桶的特点。

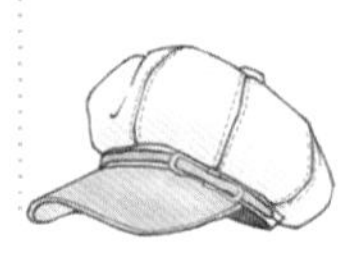
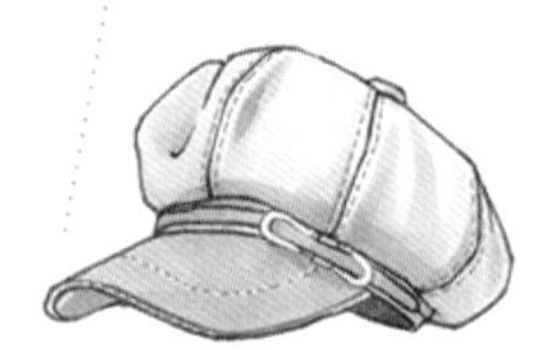
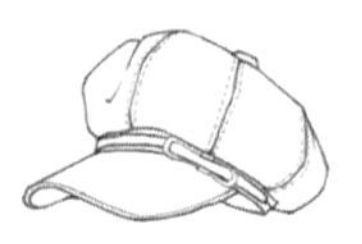

八角帽：在绘制的时候要注意帽檐的弧度和帽身的结构，并且要绘制清楚帽檐与帽身之间的关系。

棒球帽：绘制起来并不难，但是对戴在头上的效果就有很多人不会画了。在起形的时候要观察好帽檐的弧度、帽身和头部之间的关系。

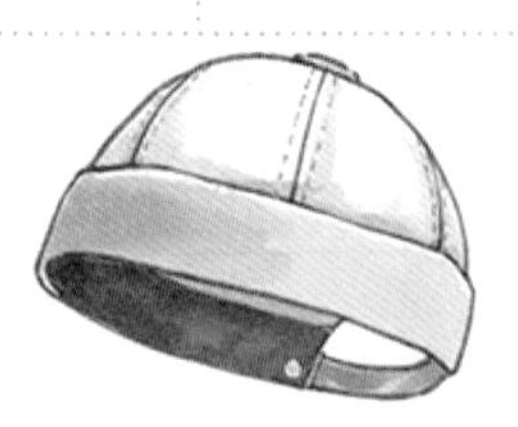

瓜皮帽：与头部十分贴合，但是大家往往会忽略头颅的形态。要绘制好瓜皮帽在头上的位置，并且与眉毛位置做比较。

5.2 首饰

5.2.1 首饰的绘制步骤

首饰在服装搭配中扮演着重要的角色。它们不仅可以增添整体造型的华丽感，还可以提升服装的整体质感，使佩戴者更具魅力。首饰可以增添视觉效果、完善造型、提升质感、传递情感和信息，以及适用于不同的场合。正确地选择和佩戴首饰可以使人们的整体形象更加出色。在绘制首饰的时候，要表达出它们的光泽感与人物之间的适配度。

首饰的绘制步骤如下。

01 STEP 用铅笔绘制出清晰的线稿，注意在起稿的时候画准 3/4 侧面人物的面部五官比例，首饰要随着人体的结构而变化。

02 STEP 用 COPiC 勾线笔勾线，将首饰的体积感画出来。

03 STEP 用马克笔给人物的面部铺上底色，将人体大的色彩关系画好。

04 STEP 打造面部的妆容，整体妆容偏自然，色彩不用描绘太多，表现出面部的体积感即可。在绘制首饰的时候，将相同颜色的地方一起画出来，这样更方便掌握首饰的色彩搭配和比例关系。注意首饰的深色部分要暗，这样在上高光的时候才能使画面亮起来。

05 STEP 用高光笔将首饰上的高光点出来，由于首饰比较复杂，可以不用按照首饰原本的高光形状来画，但是要注意高光的大小变化。

5.2.2 不同首饰的画法

手表、手链

01 STEP
手表、手链这类饰品要结合手部姿态去绘制，同时要注意透视关系。

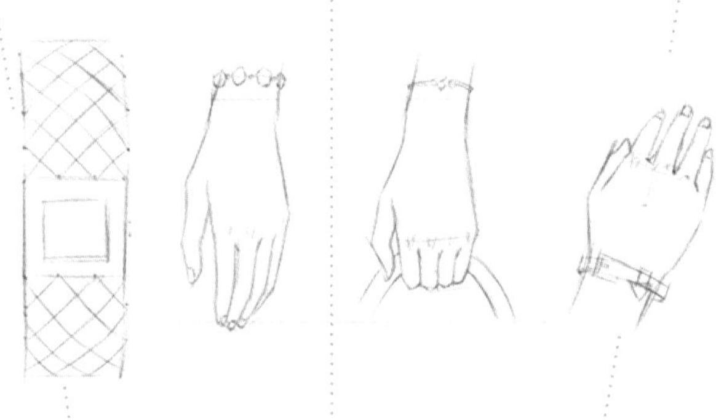

02 STEP
用 COPiC 勾线笔勾线。

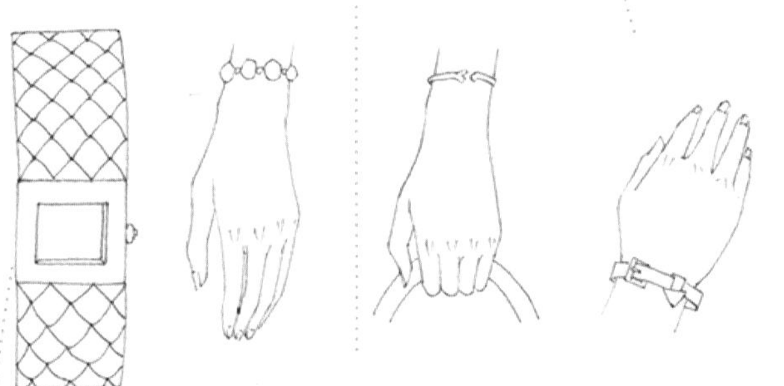

03 STEP
根据肤色的不同，用 R374 和 E413 号马克笔对手部进行底色平铺。绘制手表时要注意黑白关系，越靠近两侧，阴影越深。

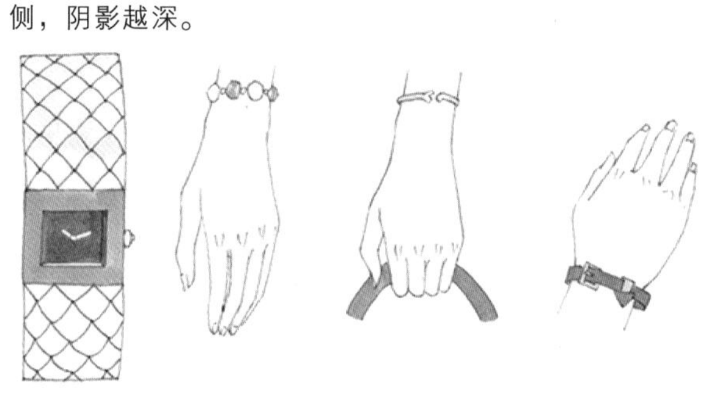

04 STEP
绘制出手部的骨骼感，并将手链的深色部位绘制出来，增强对比关系可以塑造出手链的金属感。手表同理，增强黑白对比关系，凹陷处需要加深。

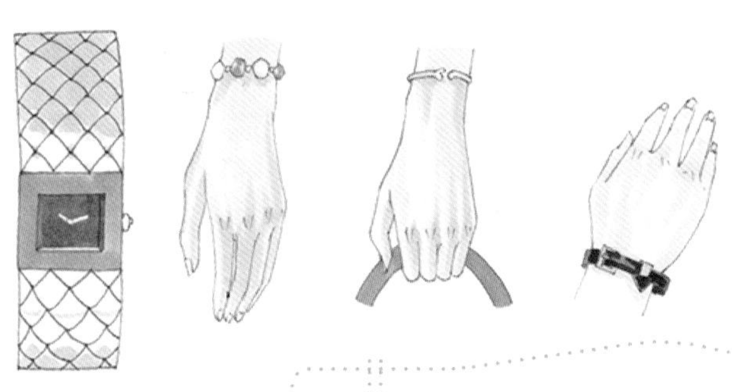

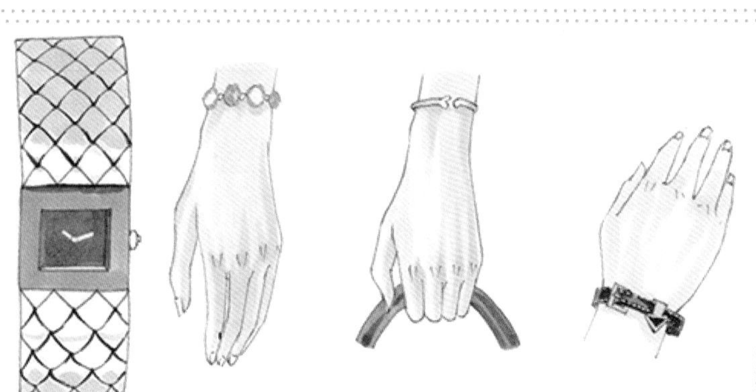

05 STEP
观察整体，将颜色不够深的地方加深，比如手表的凹陷处要再次加深。最后用高光进行提亮即可。

耳饰

01 STEP

耳饰一般使用金属、珍珠及钻石等材料制作，在绘制线稿的时候要表现出不同材质的特点。

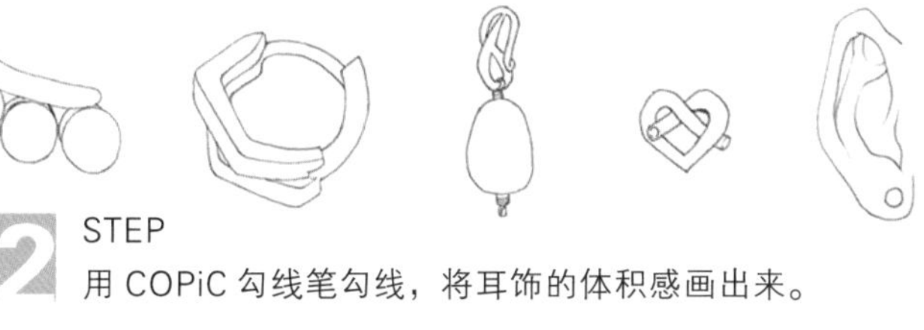

02 STEP

用 COPiC 勾线笔勾线，将耳饰的体积感画出来。

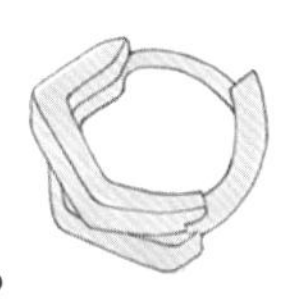

03 STEP

平铺底色。珍珠类的耳饰，要用较浅的颜色绘制出其光泽感；金属类和钻石类的耳饰则要找准其固有色。

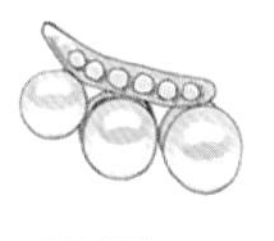

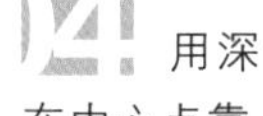

04 STEP

用深色去塑造耳饰的体积感。珍珠类耳饰的深色集中在中心点靠上的位置，金属类耳饰的深色集中在交界处。

05 STEP

用最深的颜色去加深塑造，金属类、珍珠类、钻石类耳饰的深色部位都要再次加深，这样才能凸显出其质感。

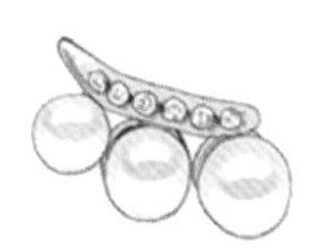

戒指

01 STEP

对于戒指类的首饰，在绘制线稿的时候要注意其透视关系。这个就需要掌握好椭圆的画法，整体呈现出上小下大的透视关系。

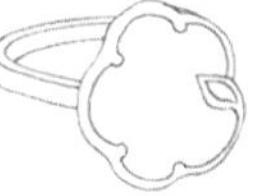

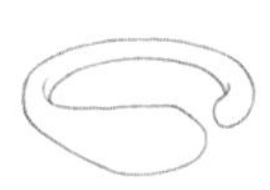
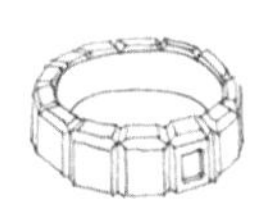

02 STEP

用 COPiC 勾线笔勾线，将戒指的体积感画出来。

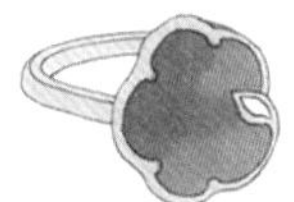
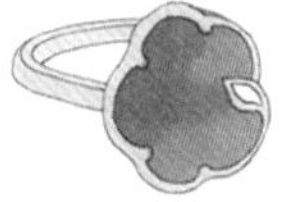
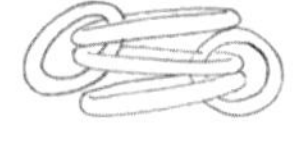
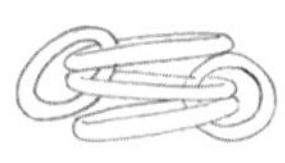

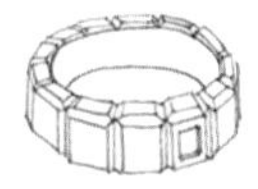
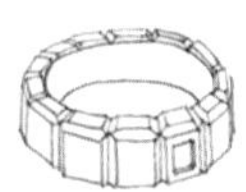

03 STEP

用马克笔简单绘制出底色。金属色可以选择 WG、CG、YG 这些灰色系颜色来表现。

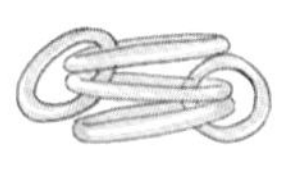

04 STEP

用深色去塑造戒指的体积感，这种环形饰品的深色一般集中在中间段。

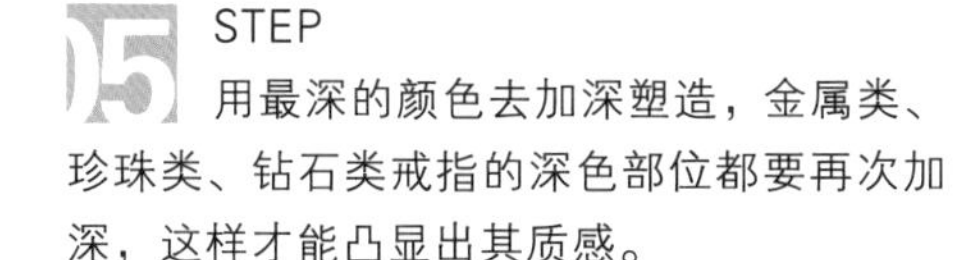

05 STEP

用最深的颜色去加深塑造，金属类、珍珠类、钻石类戒指的深色部位都要再次加深，这样才能凸显出其质感。

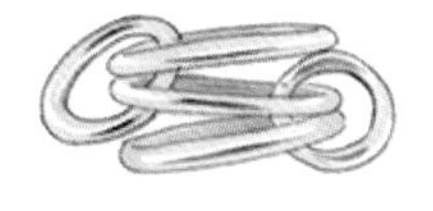
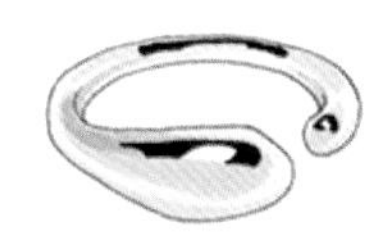

5.3 眼镜

眼镜作为配饰的一种，在服装搭配中也扮演着重要的角色。眼镜能够给整体造型增添一份个性和魅力，同时可以突出人物的品位和气质。在绘制眼镜的时候，要画对眼镜和人物之间的关系。

5.3.1 眼镜的结构和佩戴位置

眼镜的结构和佩戴位置如图 5-3 和图 5-4 所示。

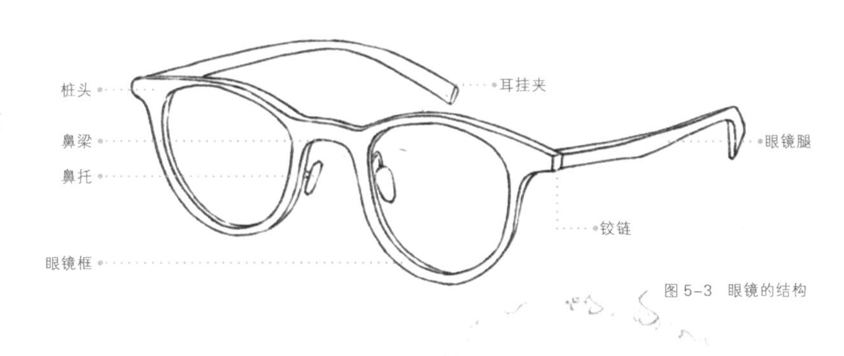

图 5-3 眼镜的结构

图 5-4 眼镜的佩戴位置

5.3.2 不同眼镜的画法

不同眼镜的画法如下（图 5-5）。

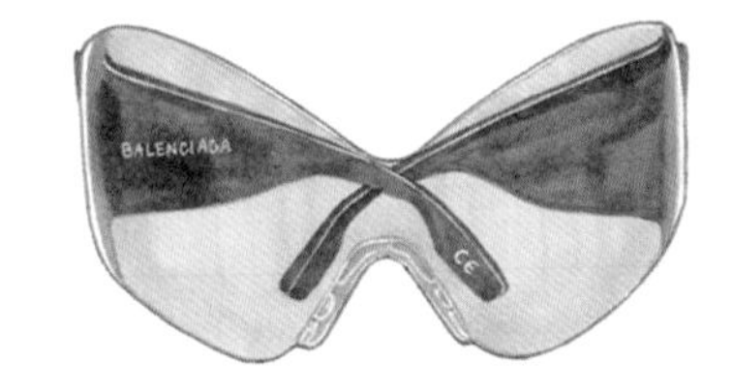

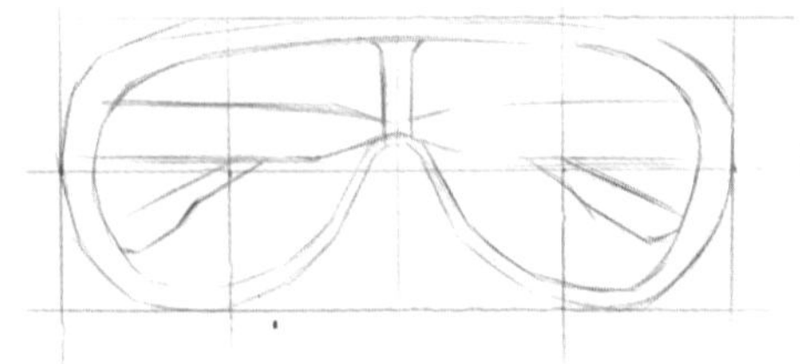

图 5-5 不同眼镜的画法

5.3.3 眼镜的绘制方法

眼镜的绘制步骤如下。

01 STEP

用铅笔绘制出清晰的线稿，示例人物是 3/4 侧面人物，绘制的时候注意面部五官的透视关系。第一个人物佩戴的眼镜较大，大致范围是眉毛到鼻底。

02 STEP

用 COPiC 勾线笔勾线。

03 STEP

用马克笔给人物的面部平铺底色，并且直接将头发塑造好。在面部体积感绘制好之后，给眼镜平铺底色，不用害怕遮挡住已经画好的肤色。

04 STEP

用与眼镜颜色同色系的颜色加深面部，同时眼白不能留得太白，并且铺一层浅一些的眼镜色。最后用高光将眼镜的细节塑造好。

5.4 围巾

围巾即可围在脖子上的长条形、三角形、方形等形状的颈部保暖或装饰用品，其面料一般采用羊毛、棉、丝、莫代尔、人造棉、腈纶、涤纶等材料。围巾通常用于保暖，也可因美观、清洁或宗教习俗而穿戴。围巾大致可以分为方巾、丝巾、脖套三种。

围巾的绘制方法如下。

01 STEP

用铅笔画出模特的造型及围巾的廓形。画的时候注意，围巾是穿戴在脖子或肩膀上的，起稿不用太重。

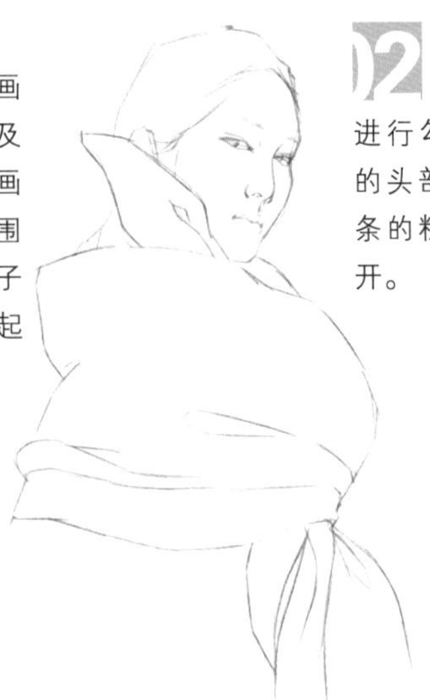

02 STEP

用勾线笔进行勾线，模特的头部和围巾线条的粗细要区分开。

03 STEP

用马克笔去塑造模特的面部及发型，要将模特的造型塑造得深刻一些，与围巾进行对比。

04 STEP

用马克笔的宽头将围巾的条纹画出来。

05 STEP

用马克笔的软头将围巾的深色阴影部分画出来，增强明暗对比，让造型更精致。

06 STEP

用丙烯马克笔或彩色铅笔将细节部分塑造出来即可。

01 STEP

用铅笔画出模特的造型及围巾的廓形。画的时候注意围巾是穿戴在脖子上或肩膀上的，起稿不用太重。

02 STEP

用勾线笔进行勾线，模特的头部和围巾线条的粗细要区分开。

03 STEP

用马克笔去塑造模特的面部及发型，要将模特的造型塑造得深刻一些，与围巾进行对比。

04 STEP

用马克笔的宽头将围巾的底色画出来。

05 STEP

用马克笔的软头将围巾的深色阴影部分画出来，增强明暗对比，让造型更精致。

06 STEP

用丙烯马克笔或彩色铅笔将细节部分塑造出来即可。

5.5 包袋

5.5.1 包袋的绘制方法

包袋和饰品一样，能在整体搭配上起到辅助作用，搭配恰当就会有画龙点睛的效果，让人物整体风格感更强。在服装设计效果图中，包袋占据的面积不大，但是位置比较显眼，要仔细绘制。

不同包袋的绘制方法如下。

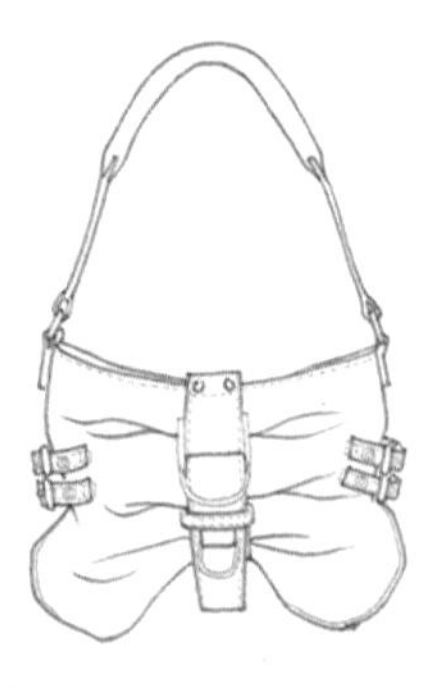

01 STEP 画出包袋的结构。这款单肩包是蝴蝶形状的，中间部分褶皱较多，概括着画出来。

02 STEP 这款单肩包颜色单一，用BV317号马克笔进行平涂。

03 STEP 用BV108号马克笔去画褶皱和暗部，用软头画，笔触更活泼一些。

04 STEP 用BV113号马克笔画颜色最深处，金属部分用CG268号马克笔画出体积感。

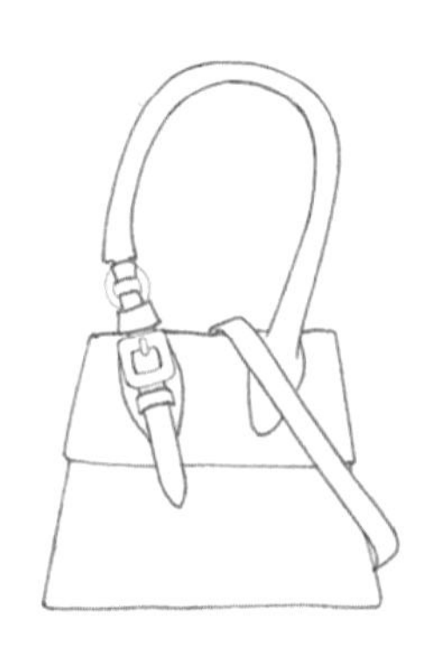

01 STEP 画出包袋的结构。这款斜挎包是有设计点的，注意金属与包袋的穿插关系。

02 STEP 用E173号马克笔平涂包袋的底色，用Y388号马克笔平涂金属的底色。

03 STEP 用E174号马克笔加深包袋的暗部。这款包袋是皮质的，对比度比较高，绘制的时候按照包袋的结构用宽头平涂，留出高光。用WG467号马克笔画出金属的深色阴影部分，集中在中间部分。

04 STEP 先用E410号马克笔去加深包袋的结构交界部分和阴影部分。然后用B240号马克笔画出暗部，用Y1号马克笔画出亮部。最后用樱花0.5mm高光笔画出包袋的缝纫线。

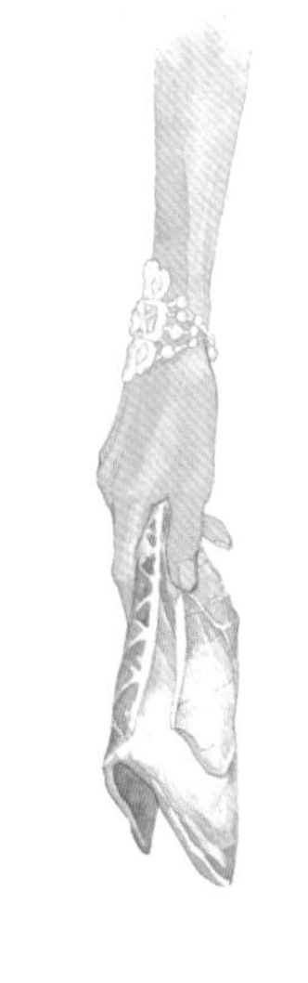

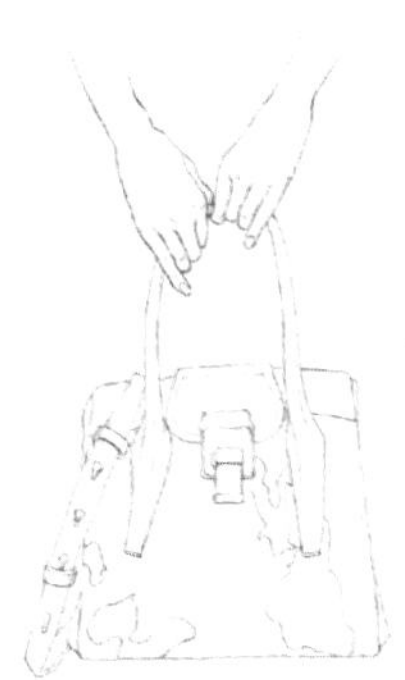
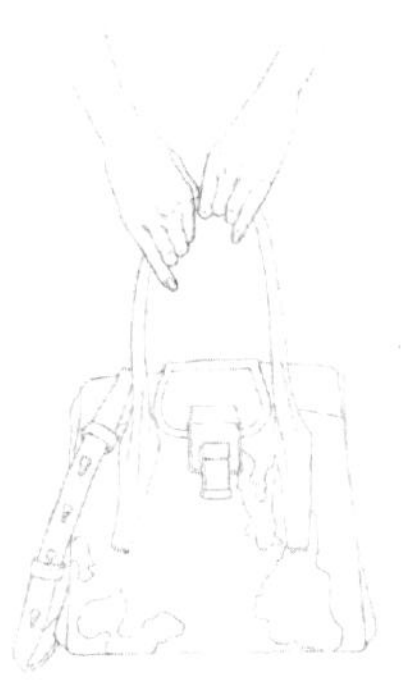

01 STEP

用铅笔绘制出清晰的线稿。

02 STEP

勾线时注意将包袋结构和厚度表达清楚。包袋上如果有绗缝线，也要画出来，注意线的虚实关系，不能一口气全部勾上。

03 STEP

调出合适的颜色平铺底色，把高光的位置留出来。同时简单区分包袋的明暗关系。

04 STEP

观察包袋因缝纫线产生的凸起和凹陷，将相应部分的颜色加深，可以凸显出结构关系。

05 STEP

用较细的水彩笔画出包袋上的细节部分。比如，结构底部的边缘线加深，将包袋缝纫线的虚线绘制出来，等等。

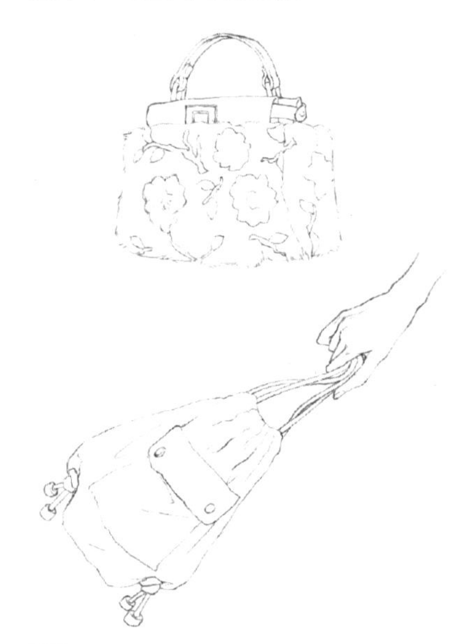

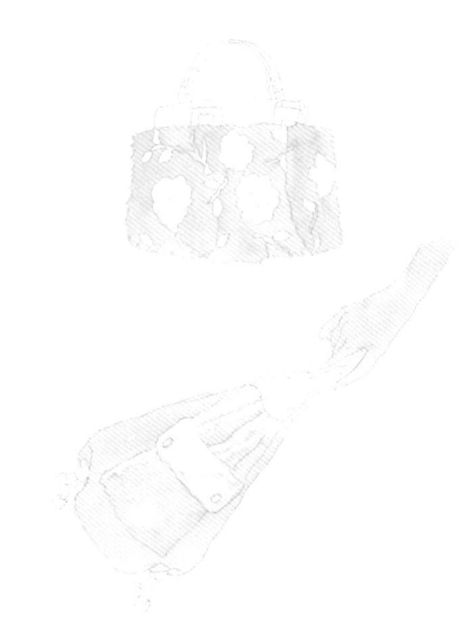

01 STEP
用铅笔绘制出清晰的线稿。

02 STEP
勾线时注意将包袋结构和厚度表达清楚。包袋上如果有绗缝线，也要画出来，注意线的虚实关系，不能一口气全部勾上。

03 STEP
调出合适的颜色平铺底色，把高光的位置留出来。同时简单区分包袋的明暗关系。

04 STEP
将包袋的金属部分及包带整体绘制出来，颜色相同的部分可以一起画，这样会节省时间，也不需要重新进行调色。观察包袋因缝纫线而产生的凸起和凹陷，将相应部位的颜色加深，可以凸显出结构关系。

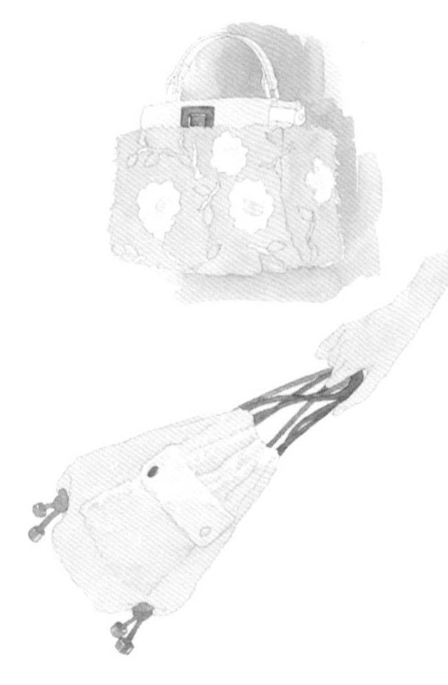

05 STEP
用较细的水彩笔画出包袋上的细节部分。比如，结构底部的边缘线加深，将包袋缝纫线的虚线绘制出来，等等。包袋是毛绒材质的，则需要对毛绒的阴影进行加深，这样可以画出毛绒的质感。

5.5.2 不同包袋赏析

5.6 鞋子

鞋子在服装搭配中扮演着非常重要的角色。鞋子不仅需要与服装风格相协调，还需要考虑舒适度和穿着场合。在绘制鞋子的时候，要画出其质感（图 5-5）。

图 5-5　不同鞋子的绘制参考

不同鞋子的画法如下。

01 STEP
用铅笔画出鞋子的线稿，并用勾线笔勾线。

02 STEP
用马克笔平铺鞋子的颜色，如果是皮面的鞋子，要在这一步就将鞋子的明暗关系处理好，这样会过渡得更加自然。用针管笔绘制鞋子的细节部分，如鞋带、鞋扣和缝纫线等。

STEP
用高光笔将鞋子上的高光绘制出来，再整体观察鞋子的完整度是否符合预期。若不符合，则进行调整。

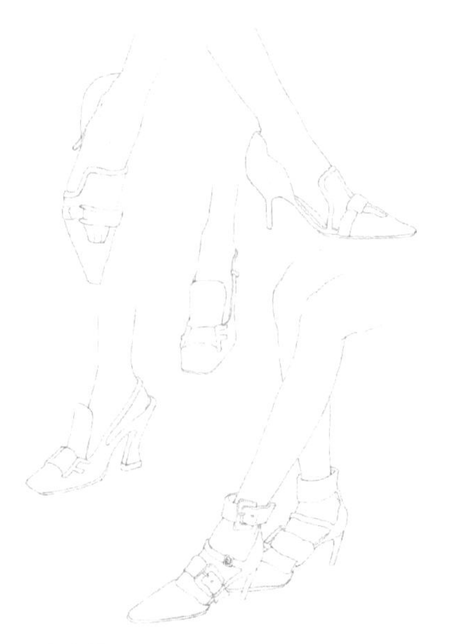

01 STEP
用铅笔绘制出清晰的线稿。注意鞋子的大致形状，不同款式的鞋子造型不同。完整的鞋子包括鞋跟、鞋底和鞋面等部分。

02 STEP
用 COPiC 勾线笔勾线。

03 STEP
调出肉色给脚和腿平铺底色。

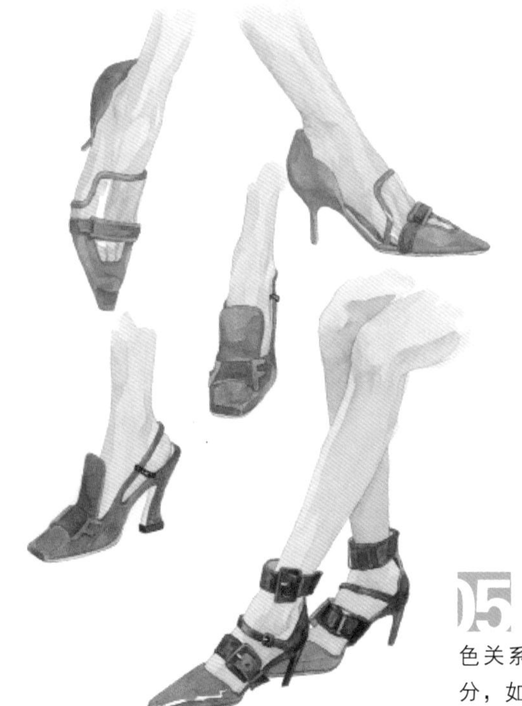

04 STEP
用水彩颜料给鞋子平铺底色。在这一步就将鞋子的明暗关系处理好，并预留出高光部位。

05 STEP
用水彩颜料画出鞋子的暗部，将颜色关系处理好，再去绘制鞋子的细节部分，如鞋带、鞋扣等。

01 STEP 用铅笔绘制出清晰的线稿。注意鞋子的大致形状，不同款式的鞋子造型不同。完整的鞋子包括鞋跟、鞋底和鞋面等部分。

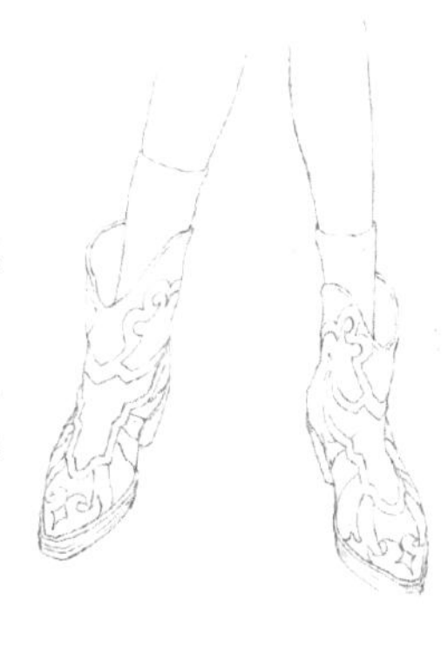

02 STEP 用 COPiC 勾线笔勾线。

03 STEP 调出肉色给腿平铺底色。

04 STEP 用水彩颜料给鞋子和袜子平铺底色。在这一步就将鞋子的明暗关系处理好，预留出高光部位。

05 STEP 用水彩颜料画出鞋子的暗部，将颜色关系处理好，再去绘制鞋子的细节部分，如鞋面上的花纹等。

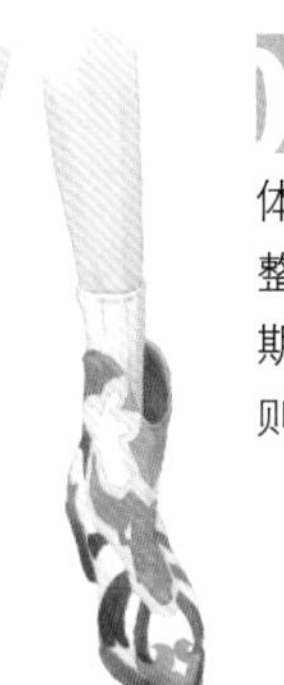

06 STEP 最后，整体观察鞋子的完整度是否符合预期。若不符合，则进行调整。

01 STEP 用铅笔绘制出清晰的线稿。注意鞋子的大致形状，不同款式的鞋子造型不同。完整的鞋子包括鞋跟、鞋底和鞋面等部分。

02 STEP 用 COPiC 勾线笔勾线。

03 STEP 调出肉色给腿平铺底色。

04 STEP 用水彩颜料给鞋子和袜子平铺底色。在这一步就将鞋子的明暗关系处理好，预留出高光部位。

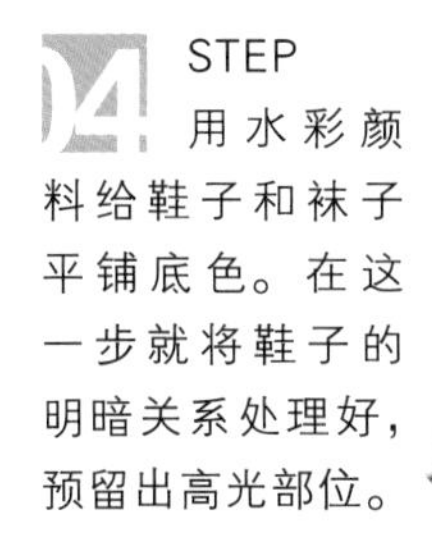

05 STEP 用水彩颜料画出鞋子的暗部，将颜色关系处理好，再去绘制鞋子的细节部分，如鞋带、鞋跟等。

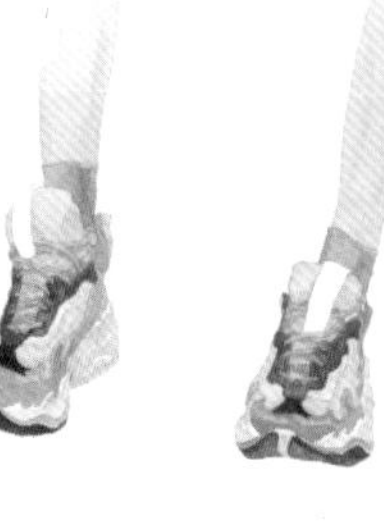

06 STEP 最后，整体观察鞋子的完整度是否符合预期。若不符合，则进行调整。

5.7 腰带

5.7.1 腰带的绘制方法

腰带已经成为一种时尚单品，细看大大小小的国际时装展，服装设计已经离不开腰带了。特别是男士，几乎每一个男士都要在裤子上束一根腰带。腰带的作用已经延伸到了实用性之外的时尚搭配，甚至点缀的作用也日益凸显。

腰带的绘制方法如下。

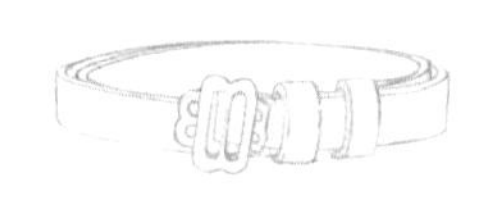
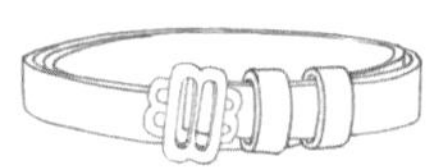
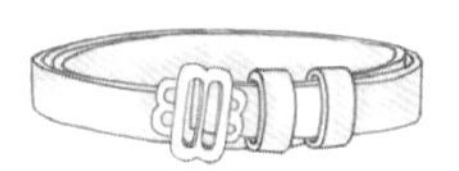
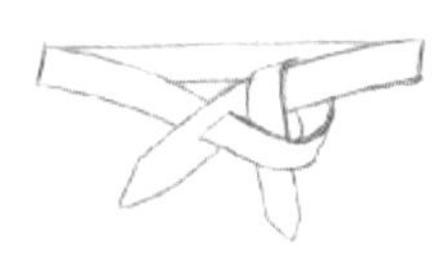
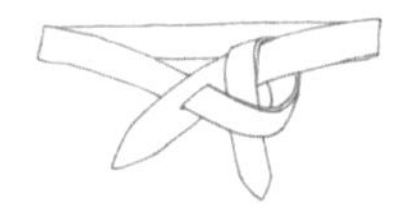

01 STEP
用铅笔画出腰带的结构。腰带是环状缠绕在腰部的，要注意腰带的穿插和透视关系。

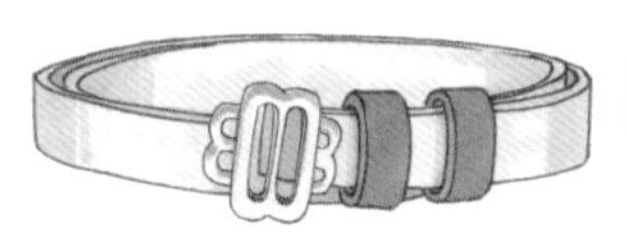

02 STEP
先用深色马克笔加深暗部，皮质的腰带暗部一定要深。再将金属部分的质感画好。最后用高光笔丰富一下细节，如将腰带的缝纫线画出来。另外，暗部要增加一些冷色调进去，增强色彩对比。

5.7.2 不同腰带赏析

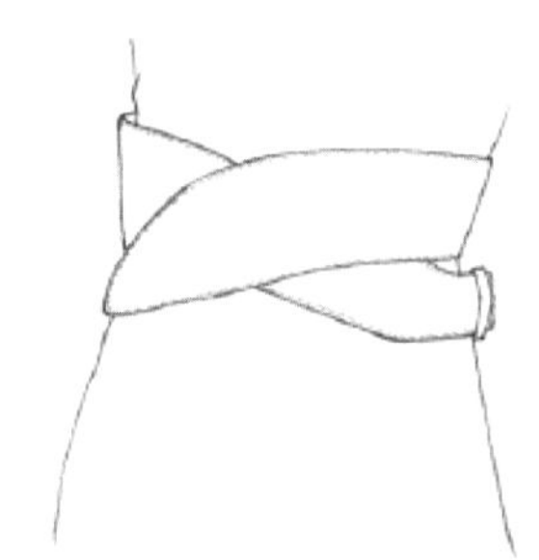
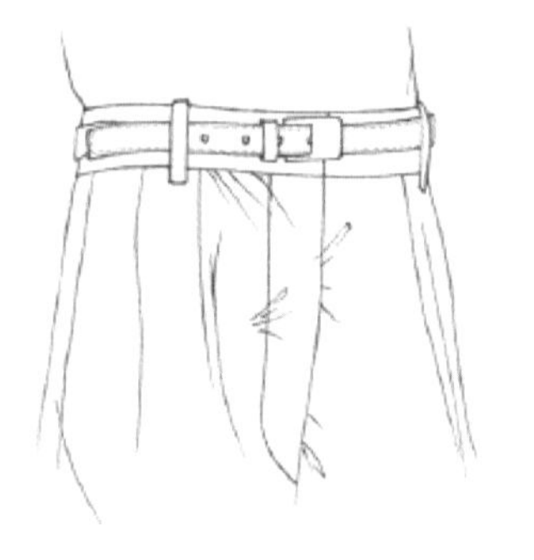
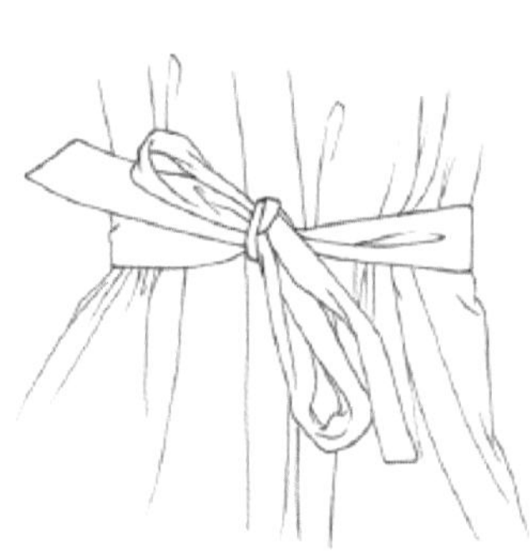
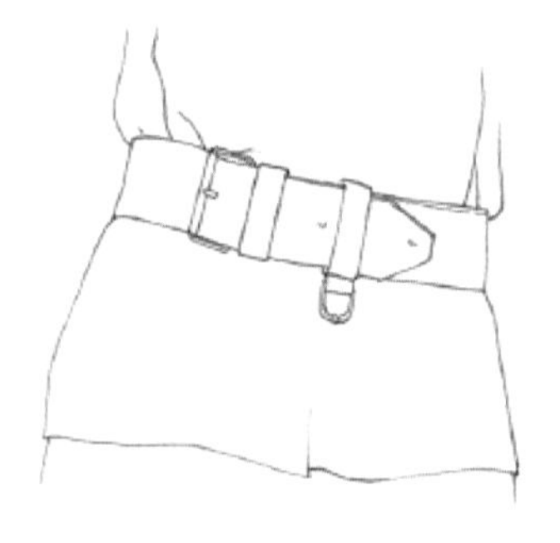
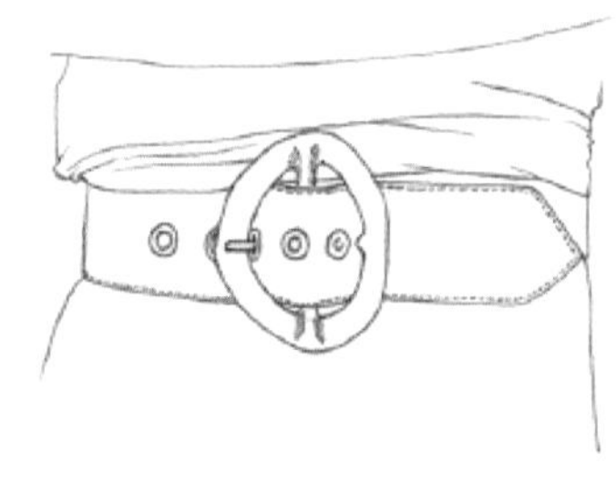

CHANGJIAN DE FUZHUANG MIANLIAO BIAOXIAN

常见的服装面料表现

06

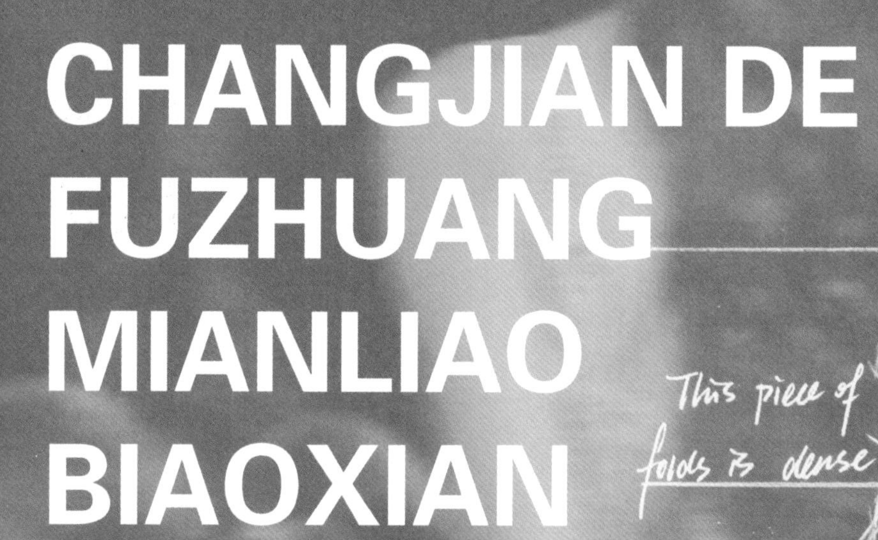

6.1 牛仔面料表现技法

牛仔是一种较粗厚的色织经面斜纹棉布。经纱颜色深，一般为靛蓝色；纬纱颜色浅，一般为浅灰色或煮炼后的本白色。

6.1.1 牛仔外套的绘制

01 STEP 用铅笔画出牛仔外套的大致形状。注意腰间服装的结构和穿插关系。

02 STEP 用 COPiC 勾线笔勾线，勾线的时候画出缝纫线。

03 STEP 使用 B240 号马克笔给外套平铺底色，用 B290 号马克笔给翻出来的外套内里平铺底色。

扫码观看视频

04 STEP 牛仔的颜色饱和度不能太高，用 B111 号马克笔去画阴影并找出褶皱，在褶皱比较深的地方用 B241 号马克笔点缀一下色彩。

05 STEP 先用 B243 号马克笔画最深的地方，再用 Y224 号、V330 号马克笔上环境色，最后点缀高光即可。

6.1.2 牛仔吊带的绘制

扫码观看视频

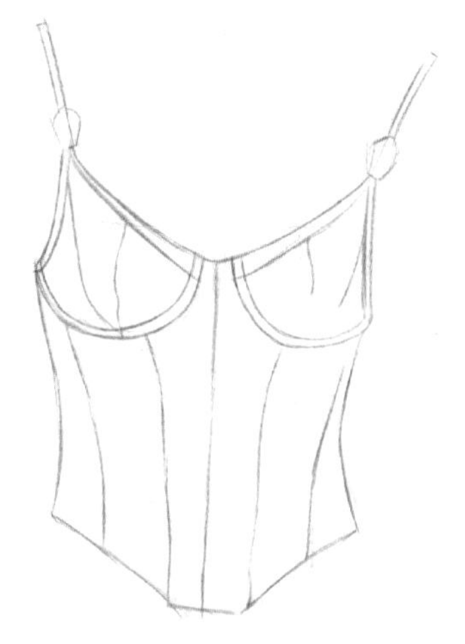

01 STEP

用铅笔画出牛仔吊带的大致形状，把颡道也一起画出来。

02 STEP

用勾线笔勾线，勾线时画出缝纫线。

03 STEP

用 B240 号马克笔平铺深色部分，用 B239 号马克笔平铺浅色部分。

04 STEP

牛仔的颜色饱和度不能太高，用 B111 号马克笔去画阴影并找出褶皱，在褶皱比较深的地方用 B241 号马克笔点缀一下色彩。

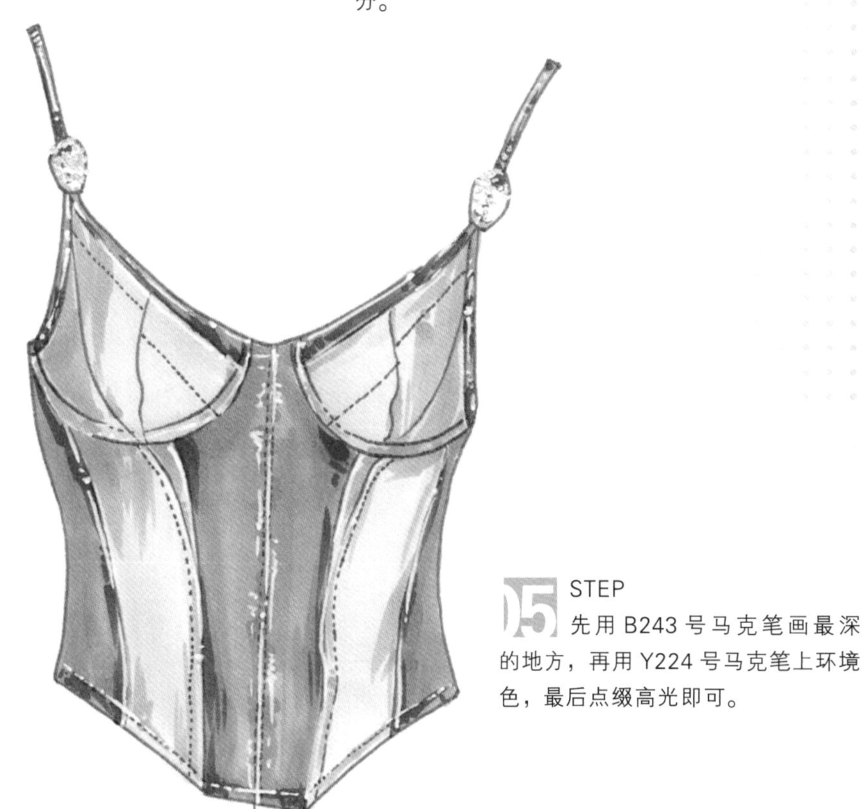

05 STEP

先用 B243 号马克笔画最深的地方，再用 Y224 号马克笔上环境色，最后点缀高光即可。

6.2 羽绒面料表现技法

羽绒服内充羽绒填料，一般外形庞大、圆润。羽绒服体量大，所以在整体造型中有非常显眼的效果。在应对休闲运动装及冬装考试中可以考虑绘制羽绒服。

6.2.1 短款羽绒服的绘制

01 STEP

用铅笔画出羽绒服的廓形，要一节一节地把填充的感觉画出来。

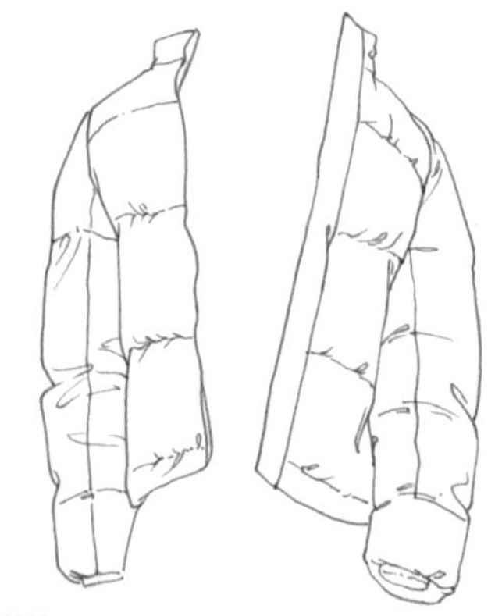

02 STEP

用勾线笔勾线，勾线的时候褶皱要画得轻松一些，勾线时最后一下要提起笔。

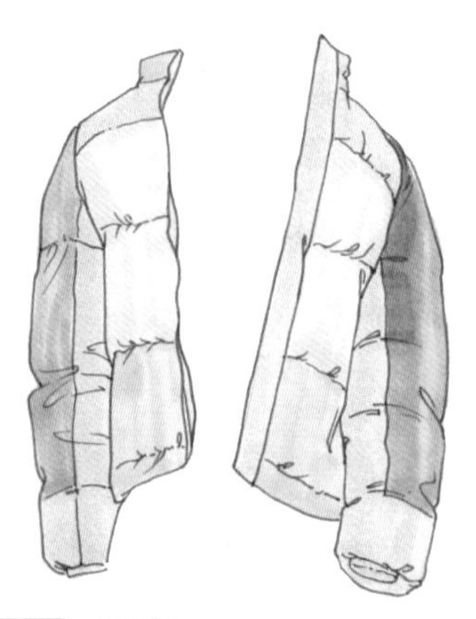

03 STEP

用马克笔将服装底色铺好，如果不是漆皮亮面羽绒服，可以不用预留高光部位。

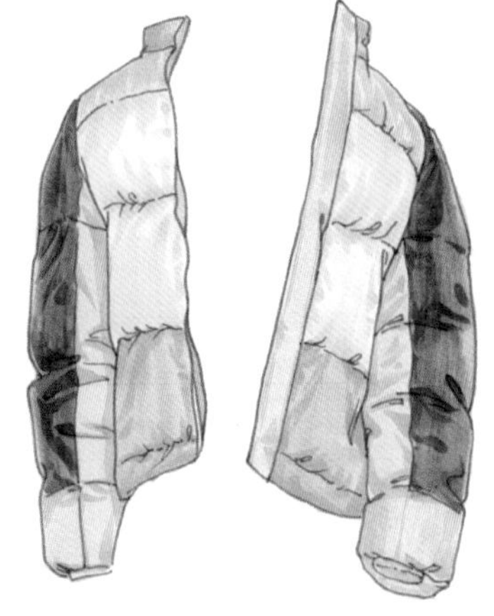

04 STEP

用颜色比服装底色深一号的马克笔去绘制羽绒服的暗面及褶皱关系，注意别画得太碎了。

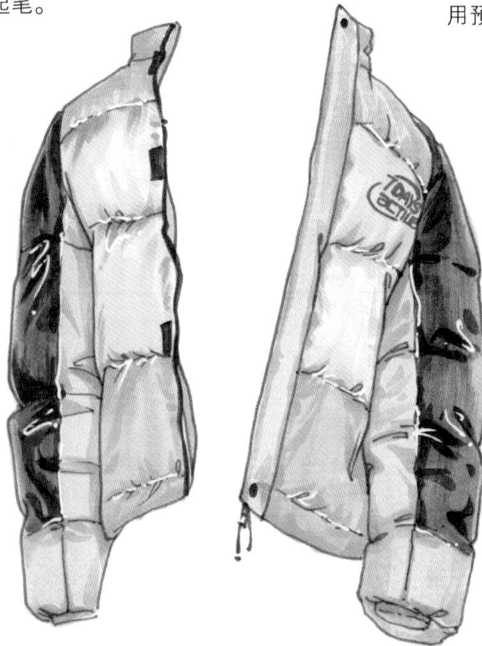

05 STEP

用重色加强服装的明暗对比，再画上辅料和服装 logo 即可。

6.2.2 红色漆皮羽绒服的绘制

01 STEP

用铅笔画出羽绒服的廓形，要把填充的感觉画出来。

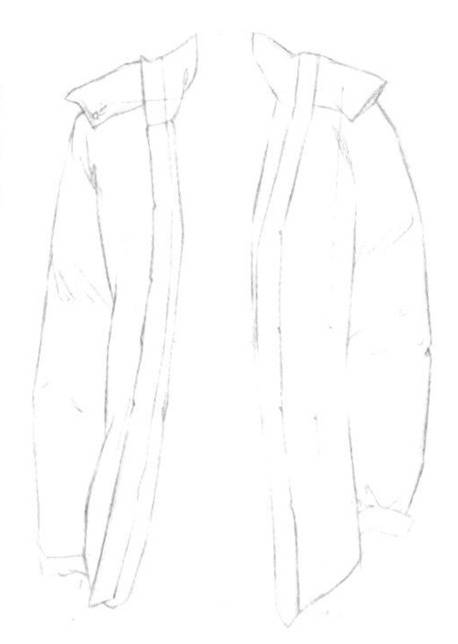

02 STEP

用勾线笔勾线，勾线的时候褶皱要画得轻松一些，勾线时最后一下要提起笔。

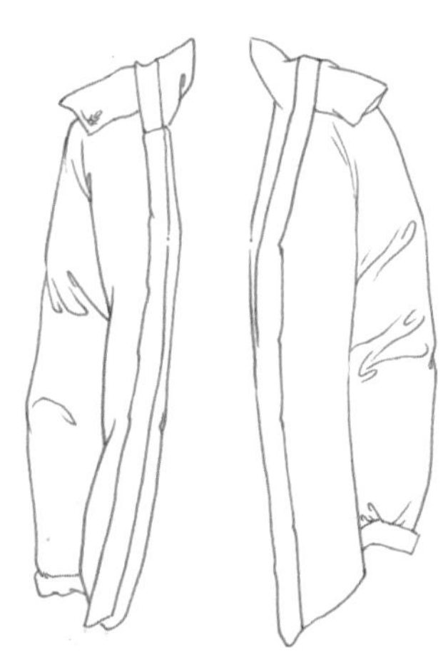

03 STEP

用马克笔将服装底色铺好。这款羽绒服是漆皮亮面羽绒服，要预留高光部位。

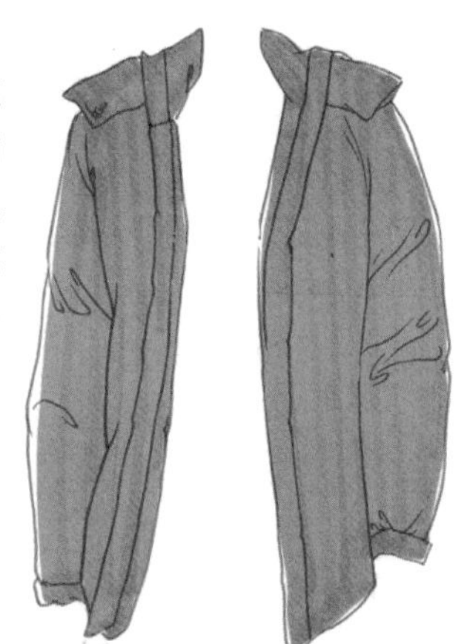

04 STEP

用颜色比服装底色深一号的马克笔去绘制羽绒服的暗面及褶皱关系，注意别画得太碎了。

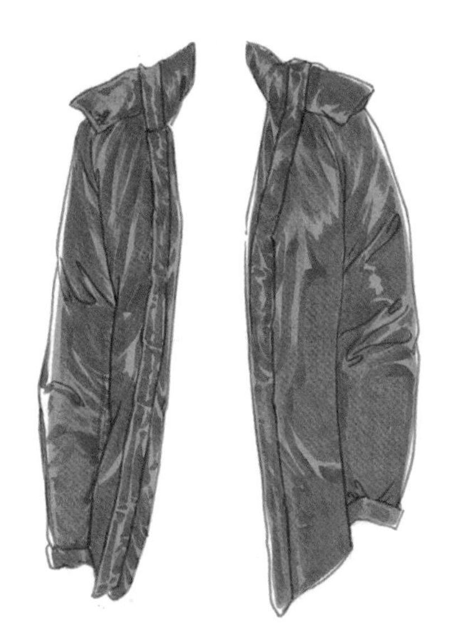

05 STEP

用重色去加强服装的明暗对比，用高光笔提亮高光。

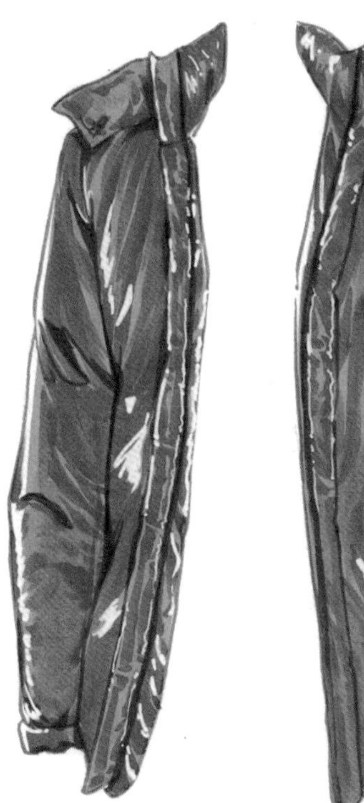

6.3 西装面料表现技法

西装面料往往具有抗皱性，其特点是光泽自然、柔和，有漂光，挺括，手感柔软且富有弹性。紧握西装面料后松开，基本无褶皱，既使有轻微折痕也可在很短时间内消失。在绘制的时候要将西装面料挺括且不易产生褶皱的特点画出来。

6.3.1 抽褶西装的绘制

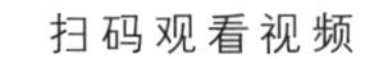

01 STEP
用铅笔画出西装的线稿。

02 STEP
用勾线笔勾画领子及里面衬衫的时候，用笔要重一些，体现西装硬朗的感觉。

03 STEP
用马克笔将服装的底色铺好。

04 STEP
用颜色比服装底色深一号的马克笔去绘制西装的褶皱，这款西装面料的光泽度不错，褶皱可以表现得密集一些。

05 STEP
用重色去加深西装的肩膀和褶皱的暗部，增强明暗对比，凸显西装的体积感。最后用高光笔提亮高光。

6.3.2 宽肩西装的绘制

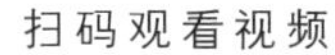

01 STEP
用铅笔画出西装的线稿，这款西装的袖子进行了创新设计，要将褶皱画出来。

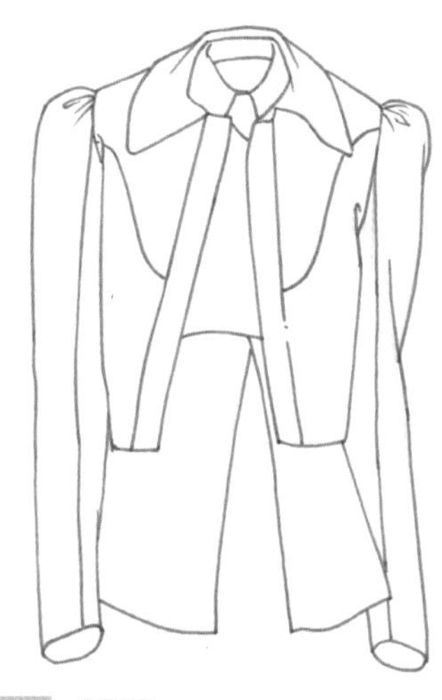

02 STEP
用COPiC勾线笔勾线。

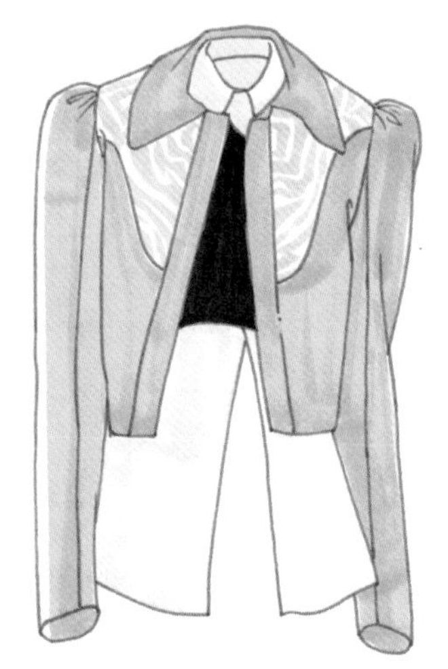

03 STEP
用 YG23 号马克笔将服装的底色铺好，衣身部分的纹样直接用 YG441 号马克笔软头画出形状。

04 STEP
用颜色比服装底色深一号的马克笔去绘制西装的褶皱，衬衫部分要用宽头去绘制，体现出服装面料的垂感。对纹样部分进行加深，尤其是领口部分的阴影。

05 STEP
用法卡勒 E134 号马克笔画出服装的结构线。最后用重色加深一下细节并点上高光即可。

6.4 针织面料表现技法

针织面料即利用织针将纱线弯曲成圈并相互串套而形成的织物。针织面料与梭织面料的不同之处在于纱线在织物中的形态不同。针织分为纬编和经编。针织面料广泛应用于服装、家纺产品等，受到广大消费者的喜爱。

6.4.1 针织马甲的绘制

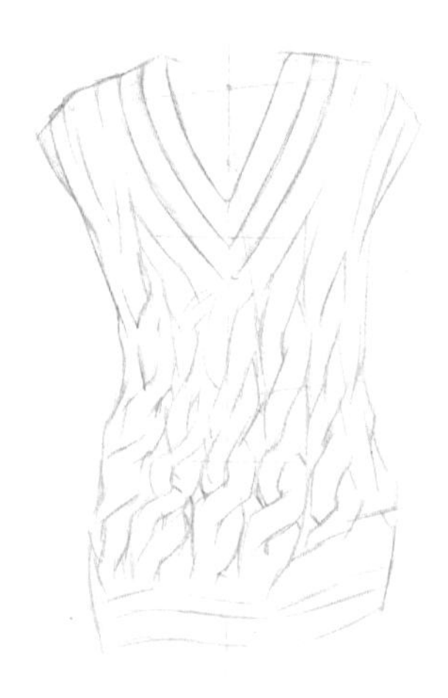

01 STEP 用铅笔画出针织马甲的轮廓和结构，绘制的时候把结构概括着画出来。

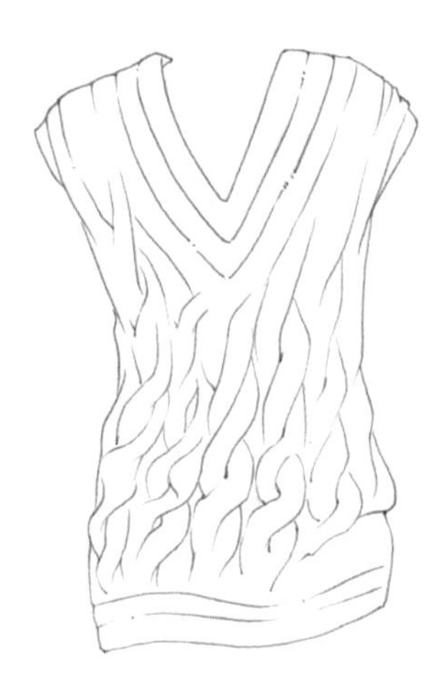

02 STEP 用 COPiC 勾线笔勾线，勾线的时候用笔松弛一些。

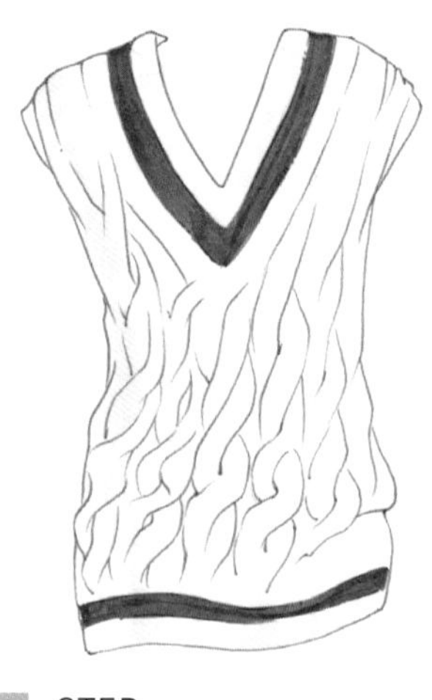

03 STEP 用 E425 号马克笔铺针织马甲的底色，用 B114 号马克笔铺衣领和下摆的底色。

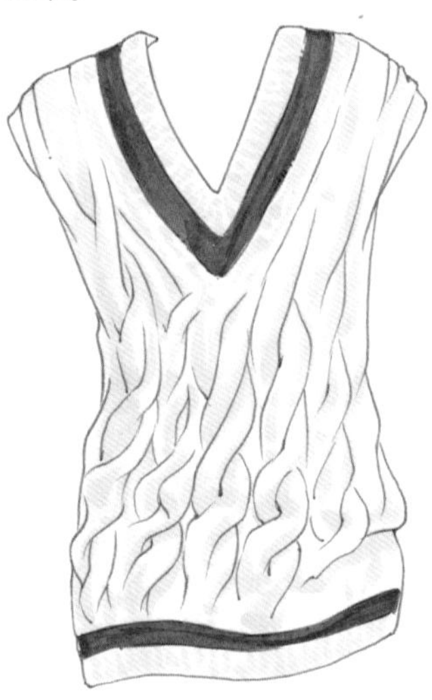

04 STEP 用 E426 号马克笔画出针织马甲组织结构的明暗关系，注意节奏感，不能画得太碎。

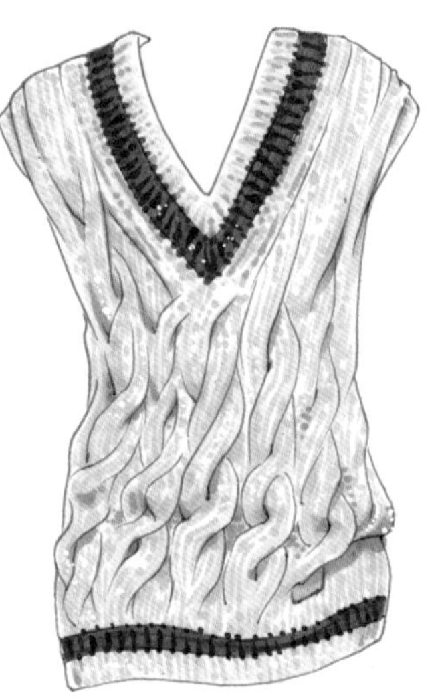

05 STEP 用 E427 号马克笔画针织马甲的罗圈，最深的地方用 E428 号马克笔去画。用 B115 号马克笔画衣领和下摆的结构。最后用 Y388 和 R351 号马克笔画出服装上的环境色。

6.4.2 针织印花毛衣的绘制

01 STEP
用铅笔画出服装的线稿。这款针织服装的面料与普通针织服装的面料不同，组织结构不明显，要绘制出其特点。

02 STEP
用 COPiC 勾线笔勾线。

03 STEP
用马克笔将服装的底色铺好，右边袖子部分不用上底色，直接画出褶皱即可。

04 STEP
加深袖子部分的褶皱。绿色针织面料部分着重处理领口的褶皱。

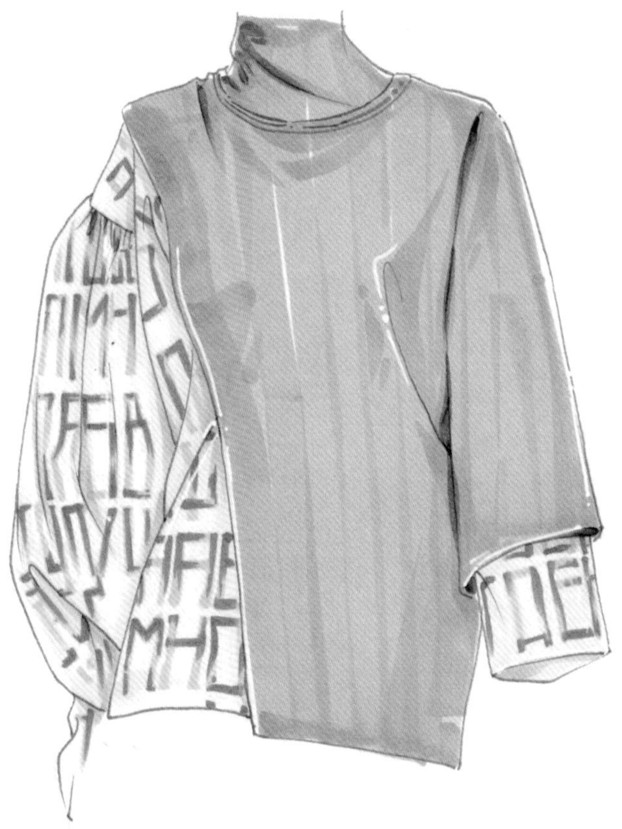

05 STEP
袖子部分的纹样用两种颜色的马克笔去塑造，一定要用软头扫着去画。最后点上高光即可。

6.5 薄纱面料表现技法

薄纱作为服装面料使用的时候，经常会通过印花和刺绣图案来表现不同的风格。薄纱面料一般很少单独使用，更多是和其他面料搭配使用，因为薄纱太过轻薄，单独使用可能会产生“衣不蔽体”的效果，和其他面料搭配不仅可以避免这一现象，还可以形成更多的风格和款式。

6.5.1 薄纱透明短裙的绘制

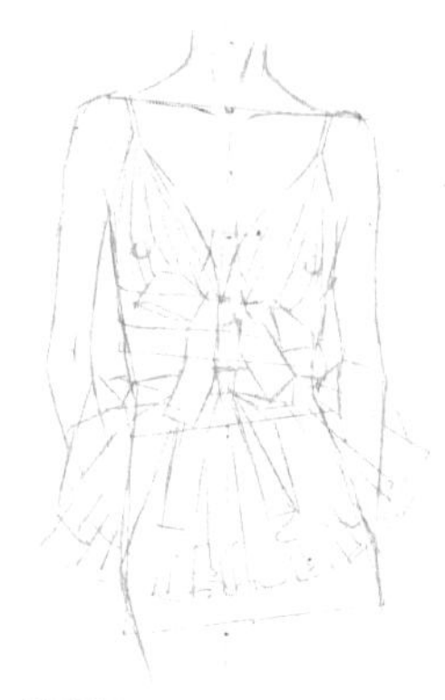

STEP 01 用铅笔画出服装的造型，由于薄纱面料具有轻薄的特点，透过它可以看到人体结构，所以画线稿时要把人体结构画清楚。

STEP 02 用 COPiC 勾线笔勾线，这件服装的薄纱很薄，人体部分的线要勾全。

STEP 03 用马克笔将人体部分塑造好，为画薄纱做准备。

STEP 04 用 B239 号马克笔铺薄纱的底色，用 CG272 号马克笔画出蝴蝶结部分。

STEP 05 薄纱面料会随着身体的动作产生褶皱，褶皱部分要用画阴影的颜色画出来。可以用 B240 号马克笔画薄纱的褶皱。

STEP 06 用 B241 号马克笔画薄纱颜色最深的地方，靠近服装交界的地方加深。用 V330 号马克笔去绘制环境色。最后用高光笔画出裙边和蝴蝶结的高光。

6.5.2 薄纱上衣的绘制

01 STEP

用铅笔画出服装的造型，由于薄纱面料具有轻薄的特点，透过它可以看到人体结构，所以画线稿时要把人体结构画清楚。

02 STEP

用勾线笔勾线，这件服装的薄纱很薄，人体部分的线要勾全。

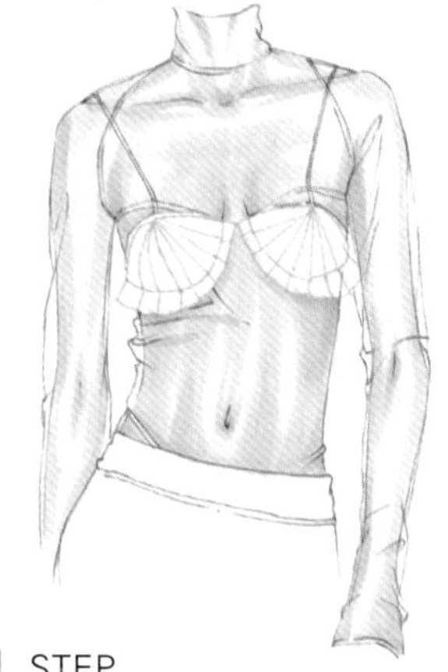

03 STEP

用马克笔将人体部分塑造好，为画薄纱做准备。

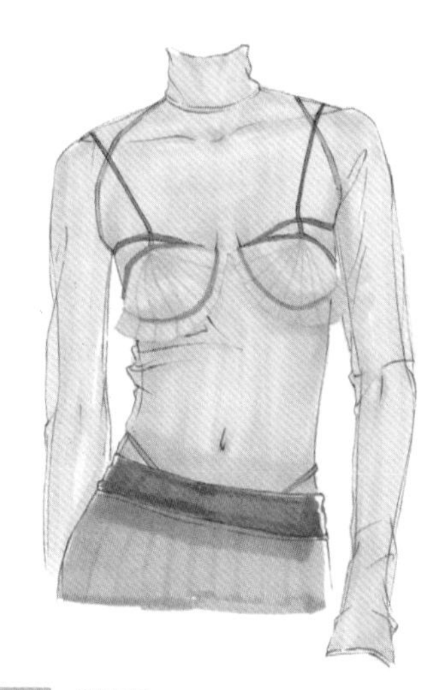

04 STEP

用 V333 号马克笔铺薄纱的底色，用 V206 号马克笔画内衣部分，用 RV207 号马克笔画裤腰，用 V126 号马克笔画裤子。

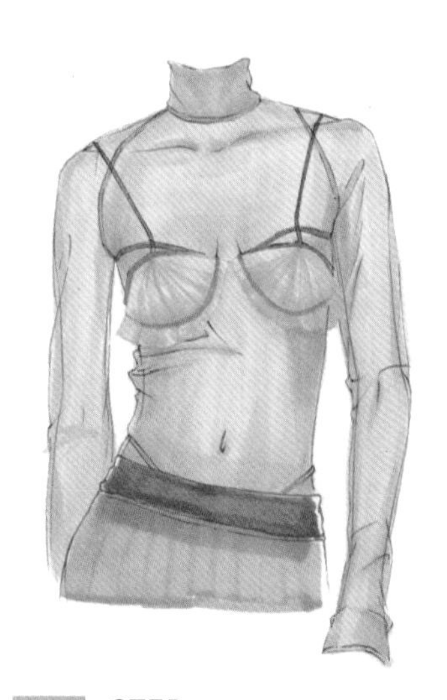

05 STEP

用 V334 号马克笔画出薄纱的阴影部分，阴影集中在躯干和胳膊的两侧。薄纱面料会随着身体的动作产生褶皱，褶皱部分也要用画阴影的颜色画出来。

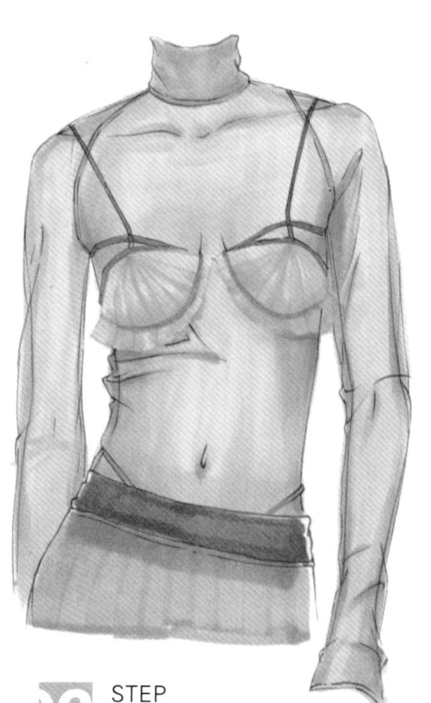

06 STEP

像这种非常薄的薄纱在绘制的时候不能画得颜色太深，否则会影响面料质感的表达，也无须用高光笔去塑造面料的质感。

6.6 皮草面料表现技法

皮草服装是指利用动物的皮毛所制成的服装，其具有保暖的作用。皮草都较为美观，并且价格较高，是不少消费者的消费对象。狐狸、貂、貉子、獭兔、牛、羊等毛皮兽动物是皮草原料的主要来源。在绘制皮草服装的时候要区分皮草的长度，皮草的长度不同，绘制的方式不一样。

6.6.1 皮草外套的绘制

01 STEP

用铅笔画出服装的造型，绘制皮草的毛毛时用笔要轻柔。

02 STEP

用 COPiC 勾线笔勾线。

03 STEP

用 E412 号马克笔平铺打底衫的底色，用 E426 号马克笔平铺毛毛部分的底色，用 BV109 号马克笔平铺衣身部分的底色。

04 STEP

用 E133 号马克笔给打底衫铺第二层颜色，用 B114 号马克笔加深衣身部分，用 B115 号马克笔画出衣身部分的阴影和褶皱。用 E427 号马克笔给毛毛部分铺第二层颜色。毛毛部分要分组进行绘制，原理其实跟绘制头发一样，要找到高光和阴影部分，用笔要轻柔。

05 STEP

用 E171 号马克笔加深毛毛部分颜色，用 E428 号马克画出毛毛上的条纹。最后用高光笔画出高光即可。

6.6.2 皮草毛领短外套的绘制

01 STEP
用铅笔画出服装的轮廓。皮草外套的松量较大，面料较厚，绘制出来的线稿轮廓应较挺括。

02 STEP
用 COPiC 勾线笔勾线，毛领部分的线条要灵动一些。

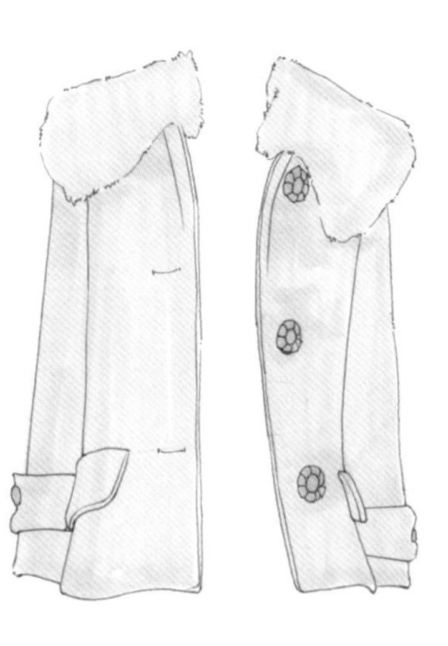

03 STEP
用 BV194 号马克笔给衣身平铺底色。

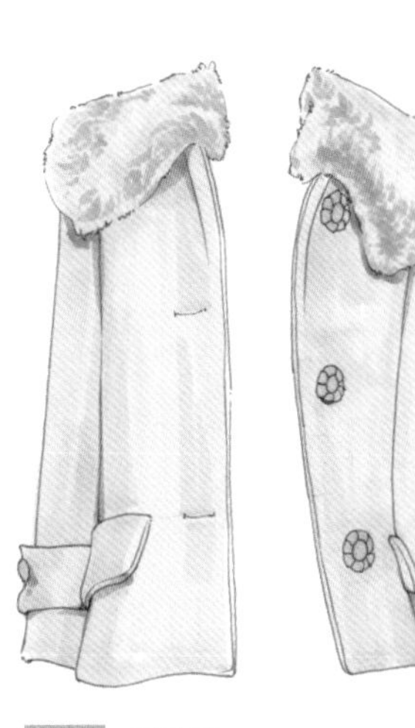

04 STEP
用 V333 号马克笔绘制出毛领的质感，注意不要平铺直叙地进行绘制，而是要按照毛领组织进行绘制。用 BV108 号马克笔绘制出衣身的暗部。

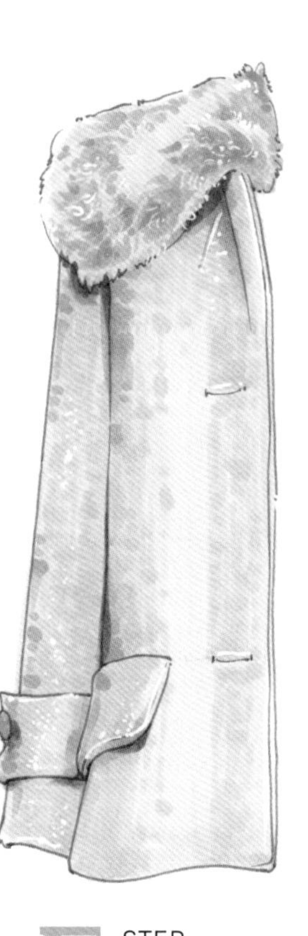

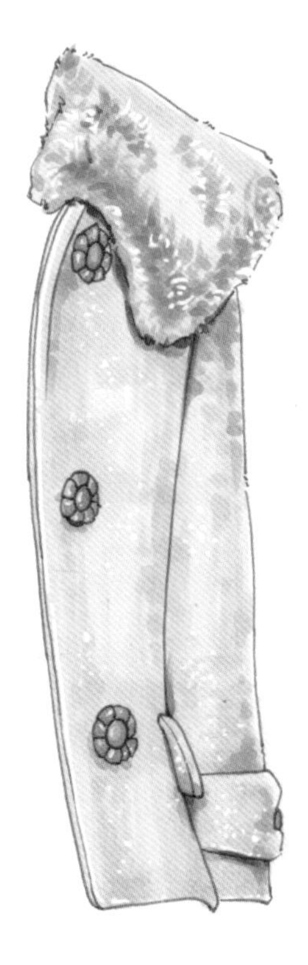

05 STEP
用 V203、R351 号马克笔绘制出衣身的质感。最后用高光笔绘制毛领和衣身上的高光即可。

6.7 运动面料表现技法

运动服指专用于体育运动及竞赛的服装，广义上还包括从事户外体育活动所用的服装。运动服通常按照运动项目的特定要求设计并制作。

6.7.1 运动外套的绘制

扫码观看视频

01 STEP
用铅笔画出服装的廓形及结构线，注意服装的功能性。

02 STEP
用 COPiC 勾线笔勾线。

03 STEP
使用 R373 号马克笔画出服装最亮的部分，然后用 RV363 号马克笔给服装上底色，用 YG263 号马克笔画出纽扣。注意留出高光部位。

04 STEP
用 RV131 号马克笔加深服装的阴影和褶皱。

05 STEP
用 E171 号马克笔画阴影最深的地方，用 Y388 号马克笔画出环境色，使服装更具活泼、时尚的风格。最后点上高光即可。

6.7.2 运动上衣的绘制

01 STEP
用铅笔画出服装的廓形及结构线，注意服装的功能性。

02 STEP
用 COPiC 勾线笔勾线，画出其缝纫线。

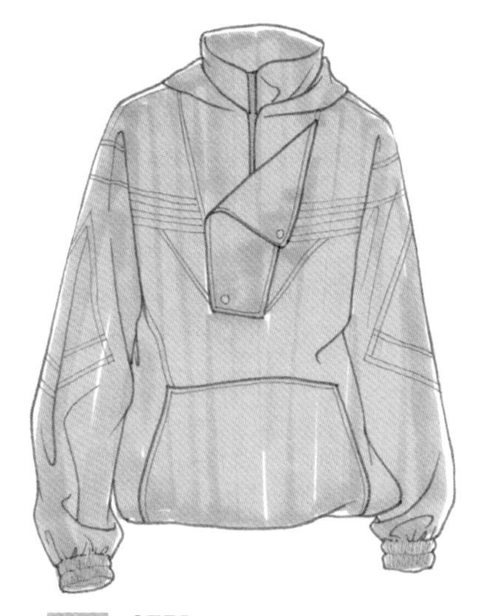

03 STEP
使用马克笔宽头给服装铺底色。

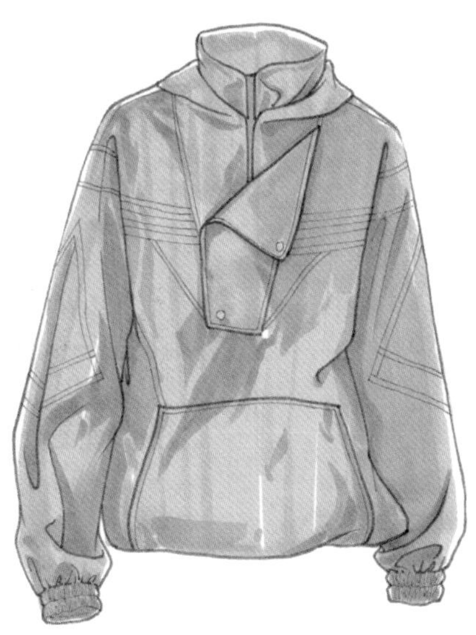

04 STEP
使用马克笔软头将服装的阴影和褶皱绘制出来，褶皱集中在胳膊肘和腰部。

扫码观看视频

05 STEP
用马克笔软头画阴影最深的地方，阴影不能画得太重、太脏。用 Y388 号马克笔画出环境色，使服装更具活泼、时尚的风格。

6.8
粗花呢面料表现技法

粗花呢是粗纺呢绒中具有独特风格的花色品种，其外观特点就是“花”。与精纺呢绒中的薄花呢相仿，粗花呢也是利用两种或两种以上的单色纱（如混色纱、合股夹色线、花式线等）与各种花纹组织配合，织成人字、条子、格子、星点、提花、夹金银丝等纹样，以及有条子的阔、狭、明、暗等几何图形的花式粗纺织物。粗花呢绘制起来很出效果，可以不同面料进行搭配。

6.8.1 银丝粗花呢外套的绘制

01 STEP 用铅笔画出服装的廓形及结构。粗花呢面料的服装比较厚实，褶皱较少。

02 STEP 用 COPiC 勾线笔勾线。

03 STEP 用 E425 号马克笔给服装铺底色。

扫码观看视频

04 STEP 使用 E246 号马克笔的软头进行点的绘制，排列组合下来就可以绘制出粗花呢的组织结构特点。

05 STEP 用 E247 号马克笔加深粗花呢的组织结构，并用 E133 号马克笔画出粗花呢最深的部分，用高光笔横向点出各处高光，最后用 E246 号、E247 号马克笔画出纽扣。

6.8.2 收腰粗花呢上衣的绘制

01 STEP
用铅笔画出服装的廓形及结构。粗花呢面料的服装比较厚实，褶皱较少。

02 STEP
用 COPiC 勾线笔勾线。

03 STEP
用 E270 号马克笔给服装铺底色。

04 STEP
使用 E271 号马克笔的软头进行点的绘制，排列组合下来就可以绘制出粗花呢的组织结构特点。

05 STEP
用 E272 号马克笔加深粗花呢的组织结构，并用高光笔去点出各处高光，凸显亮部。

6.9 印花面料表现技法

印花面料又叫印花布料，用染料在织物上印染加工而成，是一种带有印花图案的纺织品。在服装设计中可以用印花来表达不同的灵感，营造不同的设计感。面积较大的印花图案通常用在简约的服装款式中，将多彩的花纹印在廓形简单且大气的服装上，不仅体现了服装的简约性，而且还表达了图案的设计细节。

6.9.1 印花 T 恤的绘制

01 STEP
用铅笔画出服装的大致形状。印花服装的款式比较简单，注意服装褶皱的绘制。

03 STEP
印花面料的色彩较丰富，选择 G53、G56、R351 号马克笔给服装铺底色。用 R351 号马克笔画出袖子的条纹。

02 STEP
用 COPiC 勾线笔勾线。

04 STEP
用深色加深一下服装的阴影和褶皱，完善一下细节即可。

6.9.2 印花外套的绘制

01 STEP
用铅笔画出服装的轮廓。该服装为敞怀半袖外套，衣身下摆的褶皱要处理好。

02 STEP
用 COPiC 勾线笔和慕娜美彩色勾线笔进行勾线。

03 STEP
该服装底色为白色，可以直接用 CG270 号马克笔绘制出衣身上的褶皱，其余纹样部分根据原图进行绘制。

04 STEP
用 CG270 号马克笔加深袖口、包袋和衣服交界部分。最后用高光笔绘制出包带的缝纫线即可。

6.10 格纹面料表现技法

被大家熟知并广泛应用的格纹图案的产生可以追溯到公元 5 世纪苏格兰的中部地区， 那时候格纹是作为男性服装的一种图案被应用的，后来慢慢应用到女性服装上。由于地域文化的差异和审美要求的不同，世界各地形成了各种各样的格纹面料。按格纹起源和格纹形态的不同，格纹可分成不同的种类，如苏格兰格纹、维希格纹、千鸟格纹、棋盘格纹等。

6.10.1 格纹短裙的绘制

01 STEP 用铅笔画出裙子的轮廓。这个裙子呈现的是 3/4 侧面角度，要注意近大远小的关系。

03 STEP 用 CG271 号马克笔铺黑色的地方，要画出服装的褶皱，底色不能选太深的颜色。红色格子用 R215 号马克笔绘制，绿色格子和蓝色格子分别用 G230 号马克笔和 B240 号马克笔绘制。

02 STEP 用勾线笔勾线，勾线的时候注意区分金属的硬朗感和面料的质感。

04 STEP 用马克笔画出裙子的明暗关系。

05 STEP 细化格子，将比较细的线用樱花高光笔和慕娜美黄色勾线笔刻画出来，并点缀高光。

6.10.2 格纹外套的绘制

01 STEP 用铅笔画出服装的廓形，将格子一并画出，格子随着褶皱的起伏而变化。

02 STEP 用勾线笔勾线。格纹部分用彩色勾线笔勾线，格子重叠部分用黑色勾线笔勾线。

03 STEP 用马克笔给格子上色。相同颜色的格子要统一进行绘制，这样绘制速度会大幅度提升。

04 STEP 用马克笔画出服装的褶皱，可以统一用Y2号马克笔进行褶皱塑造。

05 STEP 细化格子，线条部分用马克笔宽头侧边进行绘制。最后用高光笔画出白色线条即可。

6.11 皮革面料表现技法

市场上的皮革面料有很多种，我们一般将其分为三类，即天然皮革（真皮）、再生皮革、人造皮革（PU、PVC）。皮革服装是以真皮为主要面料，并辅以纺织品及纽扣等配件加工而成的衣服，俗称皮衣。我国制作的皮衣多以牛皮、山羊皮和绵羊皮为原料，也有一定量的猪皮服装。

6.11.1 皮革外套的绘制

01 STEP 用铅笔画出服装的轮廓。

02 STEP 用 COPiC 勾线笔勾线，画出缝纫线。

03 STEP 皮革面料在上色的时候最好直接将明暗关系表现出来，这样颜色过渡会更自然一些。

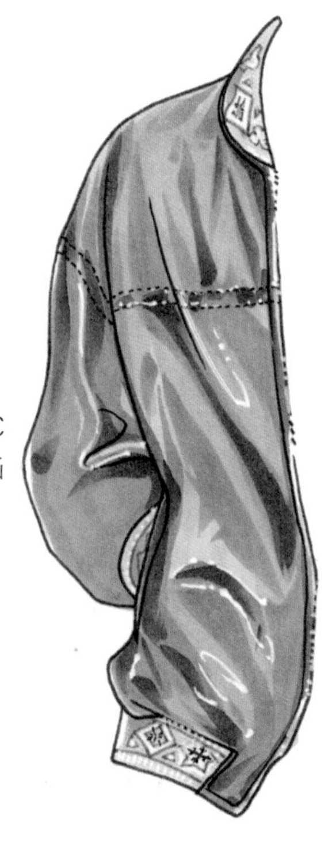

04 STEP 皮革的深色部分要用重2个色号的颜色上色，这样才能凸显明暗对比关系，将皮革面料的质感表现出来。

6.11.2 皮革套装裙的绘制

扫码观看视频

01 STEP
用铅笔画出服装的造型。这套服装的款式不复杂，但要注意辅料的位置。

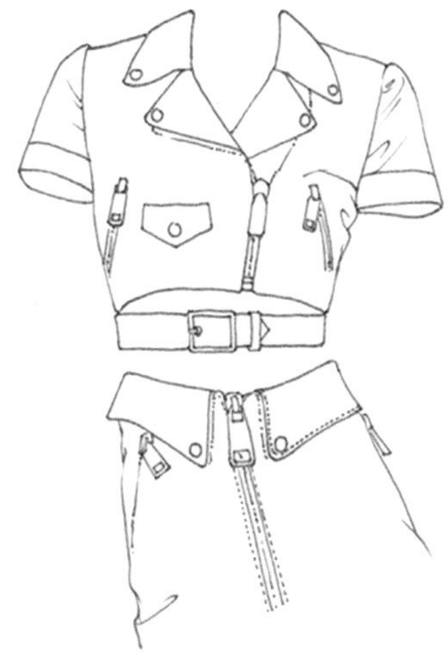

02 STEP
用 COPiC 勾线笔勾线，在画拉链和纽扣的时候要仔细一些。

03 STEP
用 RV200 号马克笔给服装铺底色，亮丽的颜色更能凸显出服装的风格。

04 STEP
拉链用 CG 系列马克笔直接塑造出来，不用画得很细致，掌握好大的明暗关系即可。画服装设计效果图一定要有舍有得，掌握节奏感。

05 STEP
用 RV212 号马克笔画出服装暗部，用 RV205 号马克笔加深服装的最深部位，需要将皮革色块区分得明显一些，褶皱要画得细致一些。对比度高了，皮革的质感自然而然就表现出来了。

6.12 蕾丝面料表现技法

蕾丝是一种以线的相互打结、交错、编织形成的，以繁杂镂空花纹为特点的透孔纺织品。以前蕾丝的花形结构并不是通过针织或者梭织获得的，而是通过捻纱线得到的。在如今多元的服饰文化里，蕾丝作为“流动的软雕塑”，通过面料、造型及色彩三大基本要素传递立体的三维形态空间关联。蕾丝面料藤蔓交织呈现出的光影效果，会产生强烈的动态之美。

6.12.1 蓝色蕾丝上衣的绘制

STEP 02 用COPiC勾线笔和慕娜美彩色勾线笔勾线。

STEP 04 继续塑造服装的结构和明暗关系，给画蕾丝打好基础。

STEP 01 用铅笔画出服装的大致形状，蕾丝的结构并不需要表现出来，只需要画出外轮廓及服装的结构和褶皱即可。

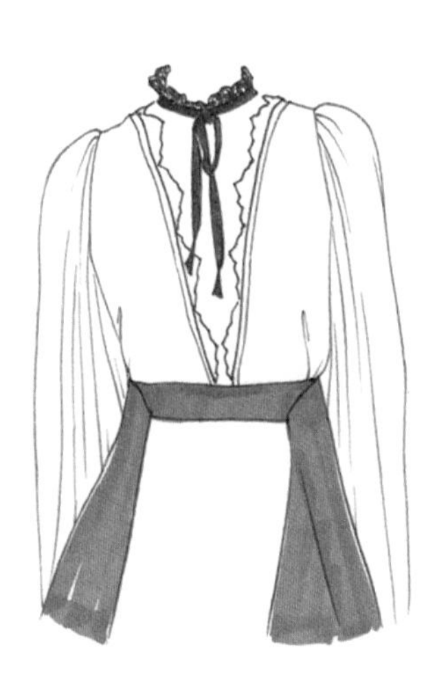

STEP 03 给服装铺底色。如果人的肤色透出来，就把肤色塑造出来，如果没有就直接给服装铺底色即可。

STEP 05 用勾线笔勾勒出蕾丝的花纹。注意，蕾丝的外边缘一般都用比较粗的线条表现，可以用0.3~0.5mm的勾线笔来画。

6.12.2 粉色蕾丝上衣的绘制

01 STEP
用铅笔画出服装的廓形，注意服装外侧有褶皱装饰，在绘制褶皱的时候注意疏密关系。

03 STEP
用 R301、E413 号马克笔将蕾丝上衣的底色铺出来。

02 STEP
用 COPiC 勾线笔勾线。

04 STEP
用马克笔将蕾丝的形状勾勒出来，上半身用 R375 号马克笔绘制，下半身用 E426 号马克笔绘制，肩膀及衣服外侧褶皱装饰用 CG270 号马克笔加深。

05 STEP
用 COPiC 勾线笔将服装上的装饰勾勒出来，在其周围用 R361 号马克笔加深当作阴影。最后用高光笔绘制出蕾丝的纹理，使服装整体效果更丰富

6.12.3 黑色蕾丝裙装的绘制

01 STEP

用铅笔画出服装的大致形状，蕾丝的结构并不需要表现出来，只需要画出外轮廓及服装的结构和褶皱即可。

02 STEP

用 COPiC 勾线笔和慕娜美彩色勾线笔勾线。

03 STEP

给服装铺底色。如果人的肤色透出来，就把肤色塑造出来，如果没有就直接给服装铺底色即可。

04 STEP

继续塑造服装的结构和明暗关系，给画蕾丝打好基础。

05 STEP

用勾线笔勾勒出蕾丝的花纹。注意，蕾丝的外边缘一般都用比较粗的线条表现，可以用 0.3~0.5mm 的勾线笔来画。

GONGNENGXING FUZHUANG BIAOXIAN JIFA

功能性服装表现技法

07

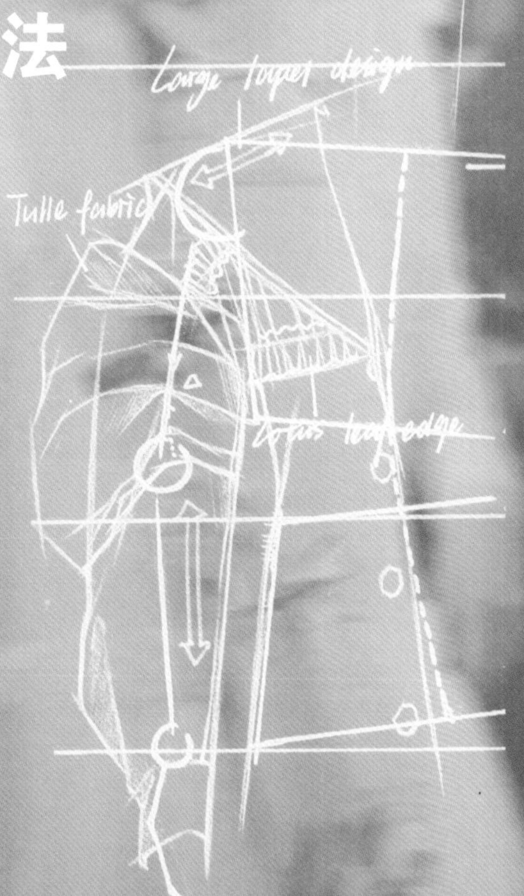

7.1 泳装表现技法

考研手绘不会考泳装的绘制，但是练习绘制泳装可以帮助我们更好地了解人体的走姿动态，比自己反复练习线稿更有新鲜感。

维密泳装的绘制步骤如下。

01 STEP 用自动铅笔绘制出清晰的线稿。模特穿着的服装是薄纱和泳装，人体线稿要表现得全面一些。

02 STEP 用 COPiC 勾线笔勾线，薄纱下的人体也要绘制出来。

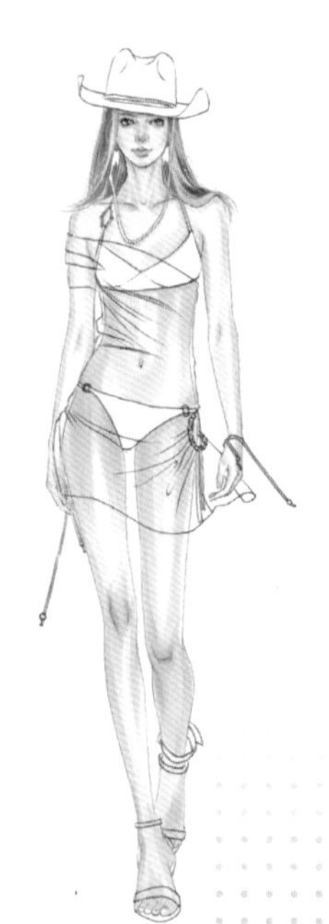

03 STEP 用马克笔画出模特的皮肤和头发，人体要塑造好。

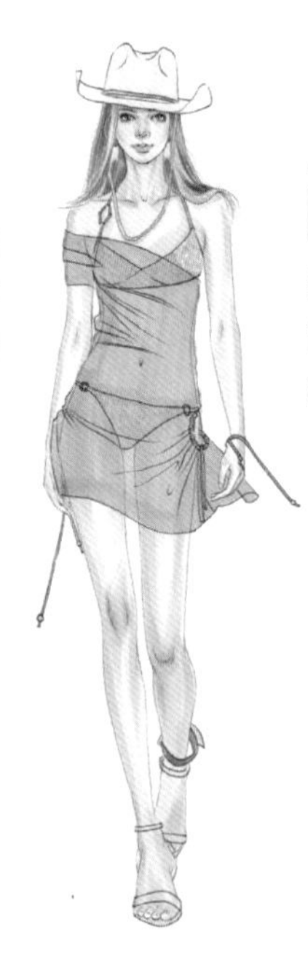

04 STEP 用马克笔将服装的底色铺好。先绘制出泳装的纹样，再给薄纱罩衫上色。

05 STEP 用马克笔上第二层重色，让泳装纹样色彩表现得更鲜艳一些。

06 STEP
用高光笔点出亮片，再用银色高光笔点缀出较大的高光。

7.2
职业装表现技法

不同的职业装有不同的特点，但是所有的职业装又有共同的特征，即都具有实用性、安全性、标识性和美观性。在画职业装的时候要表现出其特点。

7.2.1 双人职业装组合的绘制

01 STEP
用自动铅笔绘制出清晰的线稿。男女人物要一起画，这样绘制效率会高一些。

02 STEP
用 COPiC 勾线笔勾线，手套、鞋子、手提包用黑色勾线笔勾线。

03 STEP
用马克笔画出人物的面部和头发。男性的嘴唇可以用肤色来画，女性头发的明暗关系要画清楚。

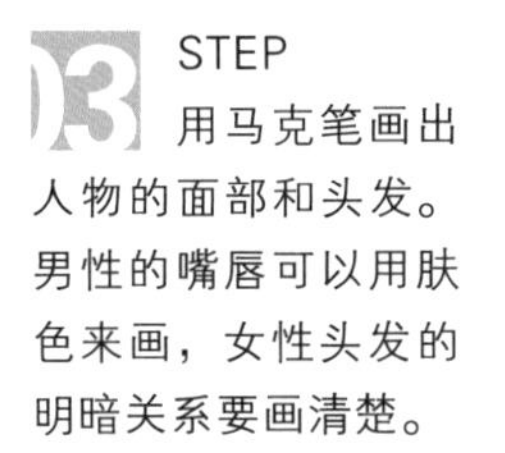

04 STEP
用马克笔将服装底色铺好，男性和女性的西装是同一种颜色，要统一铺出来。男性后面的小腿受光比较强烈，要与裤子整体的颜色区分开。

05 STEP
用马克笔上第二层重色。男性西装的亮部面积比较大，重色可以浅一些。

06 STEP
把服装的暗色部分都画好之后，用高光笔给西装加上条纹。最后加上浅绿色的环境色即可。

7.2.2 正面、背面职业装的绘制

正面、背面职业装的绘制可以让大家对职业装的结构有更好的了解，可以看清楚职业装背面的设计点。下面这款职业装借鉴了秀场服装的设计定稿图，大家可以参考，了解正面、背面应该大概绘制成什么程度。

01 STEP
用铅笔绘制出清晰的线稿。注意裙摆的关系，这套服装是敞怀的，外套和内搭要绘制清楚。

03 STEP
用马克笔绘制出模特的五官，模特可以绘制得温柔一些。

02 STEP
用 COPiC 勾线笔进行勾线。

04 STEP
用马克笔平铺服装底色，可以直接把内搭纹样绘制出来。

05 STEP
用深一点的颜色表现服装的明暗关系和褶皱。裙子的空白面积比较大，注意马克笔的笔触。

06 STEP
用重色将服装的暗部凸显出来。在裙摆处加上纹样，纹样要随着褶皱产生起伏，而且纹样需要加深。如果想让整体效果更丰富，可以给模特加上包袋、帽子等配饰。

7.2.3 Gucci 复古格纹职业装的绘制

格纹是一种经典的图案，具有浓厚的艺术气息和时尚感。将格纹应用于职业装，可以为职业装增添时尚感和艺术感，使职业装更具特色和个性。格纹职业装以简约、大方的设计为主，注重剪裁和细节处理。通过合理的款式设计，格纹职业装可以凸显出线条感和轮廓感。

01 STEP 用铅笔绘制出清晰的线稿。职业装的廓形比较硬挺，线条较直。

02 STEP 用 COPiC 勾线笔勾勒出线稿的轮廓。用黑色勾线笔勾线，可以突出职业装的轮廓。

03 STEP 用马克笔绘制出模特的皮肤部分，模特肤色较白，可以用 E413 号马克笔铺底色。

04 STEP 用 B241 号马克笔给服装铺底色。虽然服装上有格纹，但格纹可以在底色的基础上去细化，不用留出空白，这样更加节省时间。给头巾和手拿包也铺上底色。

05 STEP 这一步不用考虑格纹的塑造，只需要将职业装的褶皱和明暗关系处理好。

扫码观看视频

06 STEP

在绘制好的职业装上表现出格纹。需要注意，格纹会随着褶皱的起伏而产生变化。最后点上高光、加上环境色即可。

7.2.4 正面、背面职业装绘制赏析

此套服装的绘制难点在于服装下摆处的流苏比较密且重叠关系复杂，裤子上还要平铺纹样。在绘制的时候要先画最上层流苏的形态，再画其余流苏。流苏要画得纤细、生动。裤子上的纹样可以直接用马克笔进行绘制，不用绘制草稿。

7.2.5 Gucci 复古职业装组合绘制赏析

这两套服装是情侣服装，在颜色和风格上要统一。大家在绘制系列服装的时候，设计点一定要对应上，要么是配色对应，要么是廓形对应，否则很难说明其是系列服装。

7.3 运动装表现技法

运动装是用于体育运动、竞赛的服装。运动装多为休闲服装，通常按运动项目的特定要求设计和制作。运动装在广义上还包括参加户外体育活动时使用的服装，现多泛指用于日常生活的运动休闲服装。对于考研手绘的运动装，如果初试不考虑纸样，可以考虑大廓形、设计夸张的运动装，色彩鲜亮一些效果更好。

7.3.1 户外羽绒运动装的绘制

01 STEP 用自动铅笔绘制出清晰的线稿。内外两件服装的廓形都比较大，绘制的时候注意两件服装之间的关系和褶皱处理，还有后腿袜子的透视关系。

02 STEP 用COPiC勾线笔勾线。服装用黑色勾线笔进行勾线。

03 STEP 用马克笔给模特上肤色，模特为亚洲人，肤色为偏黄一些的颜色。

04 STEP

用马克笔将服装和长靴的底色铺好。注意内外服装颜色的比例关系，在这张效果图中，橙色占的面积比较大，蓝色占的面积要小一些。

06 STEP

将服装的重色都画好，重色越重，越能突出亮部，对比度高是羽绒服的特点。里面蓝色内搭的暗部很重，并且在服装两侧反射出橙色的环境色，这一点要表现出来。最后用高光笔画出高光即可。

05 STEP

用马克笔画第二层重色。羽绒服的褶皱很好画，但是容易画碎。要先找出服装的明暗关系，再去画褶皱。

扫码观看视频

7.3.2 Y-3 运动装的绘制

STEP 01 用彩色铅笔绘制出人体大致形状。

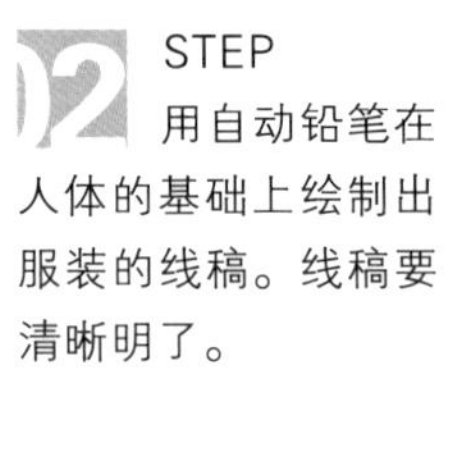

STEP 02 用自动铅笔在人体的基础上绘制出服装的线稿。线稿要清晰明了。

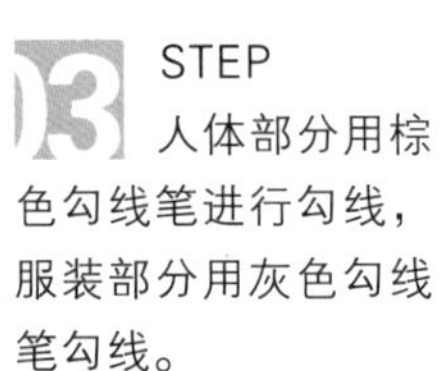

STEP 03 人体部分用棕色勾线笔进行勾线，服装部分用灰色勾线笔勾线。

STEP 04 用水彩颜料给人体的面部、头发、脖子和手臂上色，面部的细节要处理好。

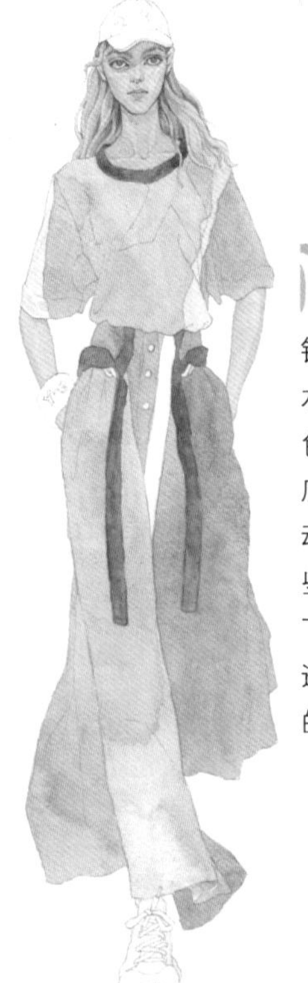

STEP 05 用水彩颜料平铺服装的底色，利用水彩颜料的特性将颜色关系处理好，在上底色这一步就能有生动的效果。亮部加一些黄色，暗部直接暗下去并加入一些冷色进去，形成近暖远冷的色彩关系。

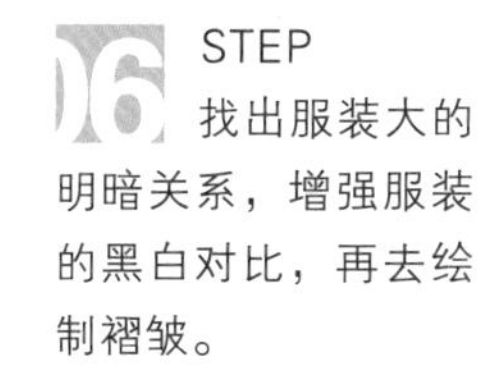

06 STEP
找出服装大的明暗关系，增强服装的黑白对比，再去绘制褶皱。

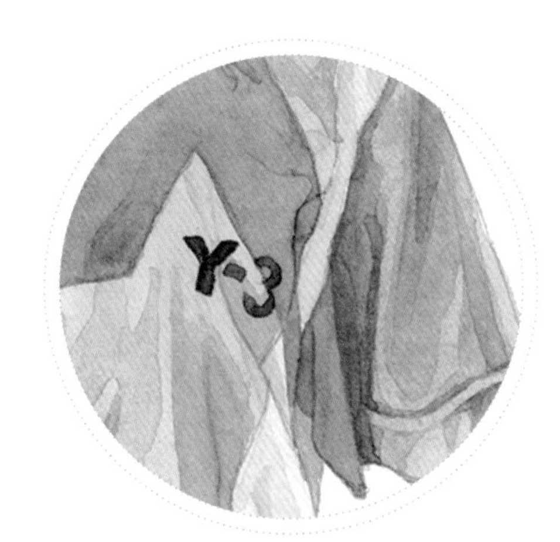

07 STEP
进一步加深裙子的褶皱，对于这种褶皱较多的服装一定要有主观处理的意识。

08 STEP
绘制出服装的logo即可。

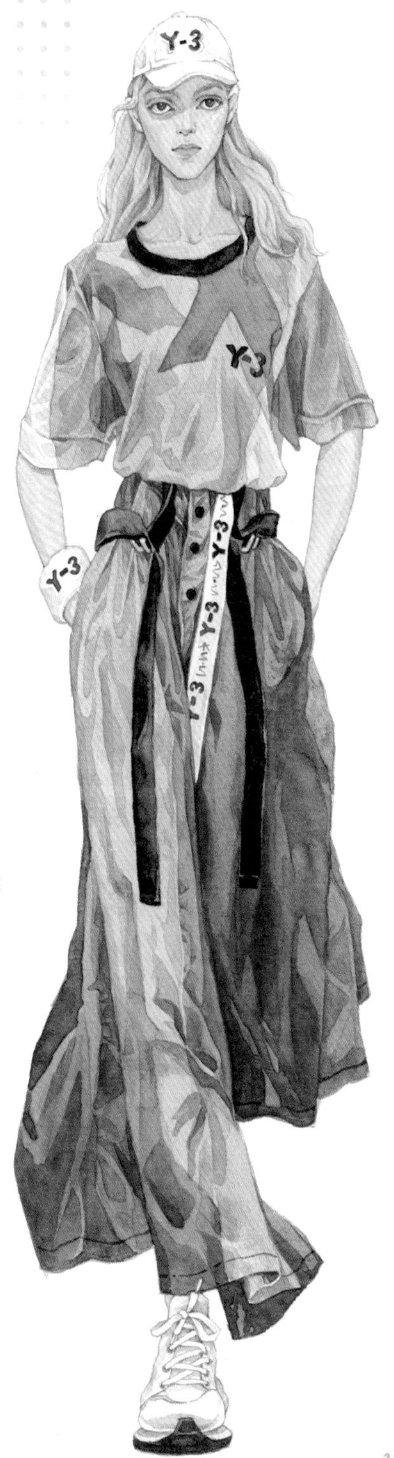

7.4 休闲装表现技法

休闲装是人们在无拘无束、自由自在的休闲生活中穿着的服装。休闲装一般可以分为前卫休闲装、运动休闲装、浪漫休闲装、古典休闲装、民俗休闲装和乡村休闲装等。日常穿着的便装、运动装、家居装，或把正装稍作调整形成的“休闲风格的时装”都属于休闲装。总之，凡有别于严谨、庄重服装的，都可称为休闲装。休闲装的范围很广泛，在考研手绘中可画性极高。

7.4.1 解构休闲装的绘制

STEP 02 用COPiC勾线笔勾线。

STEP 03 用马克笔给模特的面部、头发和腿部上色。头发是满头卷发，画的时候笔触要随意一些。

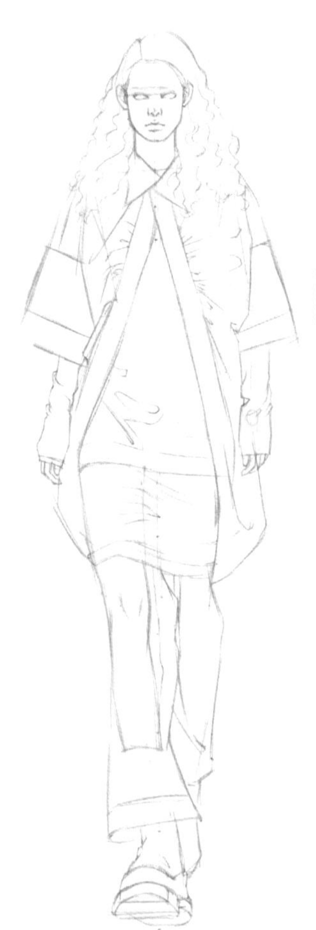

STEP 01 用自动铅笔绘制出清晰的线稿。画解构休闲装时，要处理好服装的结构。

STEP 04 用马克笔将服装的底色铺好。该服装色彩比较多，画的时候同一种颜色统一画好。

STEP 05 用马克笔画第二层重色，此步不用处理纹样。衬衫的下摆颜色要深一些，不能因为衬衫的固有色是白色就不敢画。用CG系列的颜色去塑造即可。

06 STEP

将服装的条纹画出来，细条纹用慕娜美勾线笔绘制，粗条纹用马克笔宽头的侧面绘制。最后用高光笔画上高光即可。

7.4.2 休闲短裙装的绘制

01 STEP
用彩色铅笔绘制出人体大致形状。用自动铅笔在人体大致形状的基础上绘制出服装的线稿，线稿要清晰明了。

02 STEP
用 COPiC 勾线笔进行勾线。

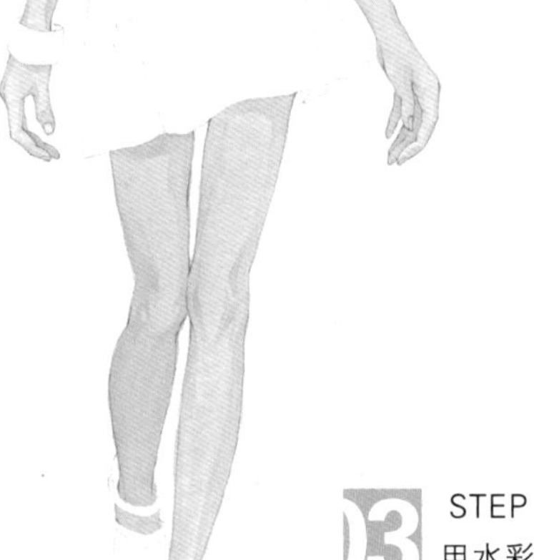

03 STEP
用水彩颜料给模特的头发和露出来的皮肤上色。面部的细节要处理好。模特的头发和眉毛可以用同一种颜色上色。

04 STEP
用水彩颜料给模特的服装和鞋子上底色。裙子中间部分的颜色纯度稍高一些。左侧衣身的颜色稍深，区分出明暗关系。

05 STEP
画出服装的褶皱。注意裙子两侧的颜色深，中间的颜色浅。

06 STEP
这一步绘制服装的细节。将内搭毛衣的花纹、外套的抽绳绘制出来。进一步加深服装的褶皱，让整体效果更好。

7.5 礼服表现技法

应对考研手绘的礼服裙可以画内外两件套，这样整体搭配再添加一些配饰，设计效果会更丰富。在绘制的时候要考虑颜色搭配，可以根据流行趋势进行设计。

7.5.1 中国风礼服裙的绘制

01 STEP

用铅笔绘制出清晰的线稿。

02 STEP

用 COPiC 勾线笔勾线，整套服装的面料偏硬朗，线条偏直。

03 STEP

用马克笔给模特露出来的面部、腿部和头发等上色。中国风人物可以使用亚洲模特，发型也可以再设计。

04 STEP

给服装铺底色时，注意颜色之间的比例关系。在这张效果图中，蓝色占的面积比较大，紫色面积第二，灰蓝色面积更小，黄色起点缀作用。

05 STEP

用马克笔画第二层重色。需要将裙子装饰两侧和后腿处裙摆加深，表现出空间感。

06 STEP

将服装的重色都画好。因为这套服装的颜色比较少，所以加重的时候笔触可以稍微丰富一些。

07 STEP

在外套右边和裙子上加上装饰和花纹即可。

7.5.2 西式礼服裙的绘制

礼服裙是在庄重的场合或举行仪式时穿的服装。礼服有多种类型，传统的西式礼服包括晨礼服、小礼服和大礼服。在搭配的时候可以在礼服裙外面加小外套。

01 STEP

用铅笔绘制出清晰的线稿。这件裙装的面料比较轻薄，在绘制裙摆的时候要随着腿的动态来画。小马甲面料比较硬挺，可以用直线来画。

02 STEP

用 COPiC 勾线笔勾线，裙摆位置的笔触可以随意一些。然后给模特的头发和露出来的皮肤上色。模特的头发可以画得柔顺一些。

03 STEP

用马克笔将小马甲和配饰的底色铺好。整体颜色比较浅，注意颜色搭配要和谐。

04 STEP

给裙子铺底色，并画出小马甲粗花呢的质感。加深裙子的阴影，注意裙子的颜色比较浅，阴影不能用太深的颜色去画。

05 STEP

将阴影全部画好之后就可以画裙子上的图案了。在画图案的时候，用马克笔的软头扫着画，并用0.03mm 黑色勾线笔去勾勒图案的线条。

CHAGNJIAN FENGGE FUZHUANG BIAOXIAN JIFA

常见风格服装表现技法

08

Bow

Lotus leaf edge

Waist design

8.1 碎花短裙表现技法

碎花裙是一种特别流行的裙子，其一般运用丝缎等面料，搭配素雅的花样图案或者波点、碎花元素进行设计。在绘制碎花裙时，要避免陷入具体碎花图案的绘制，而是要自己概括出碎花的特点来进行绘制。

01 STEP

用自动铅笔绘制出清晰的线稿。在线稿阶段就要把面料的材质区分开，袖子处的面料要柔软、飘逸一些，腰带处的面料要硬挺一些。

02 STEP

用 COPiC 勾线笔勾线。

03 STEP

用马克笔画出人物的头发和皮肤部分，头发可以用 E 系列的马克笔来画。

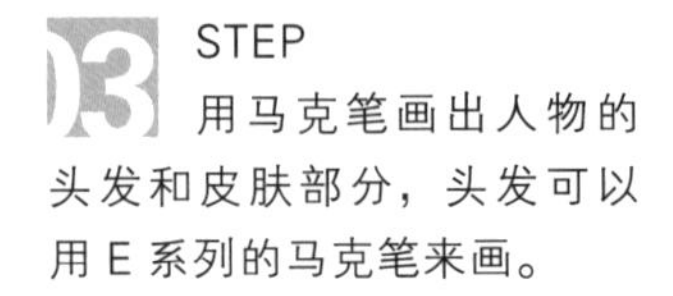

04 STEP
用马克笔给服装上底色。注意每种颜色的面积大小。碎花部分直接用对应颜色的马克笔进行绘制。

05 STEP
用马克笔画第二层重色，碎花裙部分的重色与面积最大的的重色相同。

06 STEP
用高光笔将腰带和鞋子的缝纫线画出来，再找出服装最亮处点上高光即可。

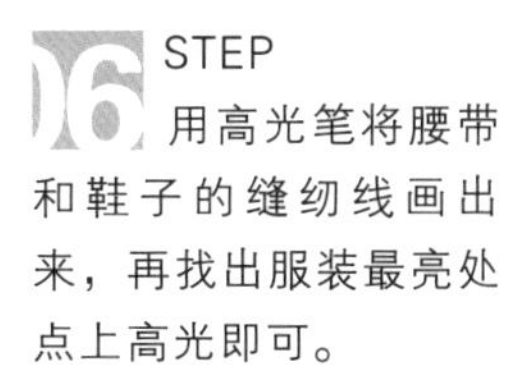

8.2 薄纱服装表现技法

8.2.1 复古薄纱服装的绘制

01 STEP

用自动铅笔绘制出清晰的线稿。薄纱面料十分飘逸，要在线稿阶段就表现出此特点。外套的面料虽然厚重，但垂性很好，要画出随动态起伏而产生的褶皱。

02 STEP

用 COPiC 勾线笔勾线。

03 STEP

用马克笔画出皮肤部分，面部有帽子遮挡，阴影可以画得重一些。上半身皮肤通过薄纱透出来，要画出若隐若现的感觉。

04 STEP

用马克笔给服装铺底色。该套服装的色彩比较简单，为大面积的绿+棕，用马克笔的宽头铺色即可。

05 STEP

用马克笔画第二层重色。裙摆部分要用马克笔的软头来画，后腿处裙摆整体要暗一些，加强其与前腿处裙摆的空间关系。

06 STEP

用马克笔将服装的重色部分画出来，主要是两腿中间遮挡的部分，还有手臂与衣服重叠的部分。服装整体的颜色较浅，且没有满身的纹样，重色可以画得深一些。最后再用金色高光笔画出印花，用白色高光笔点出服装的高光。

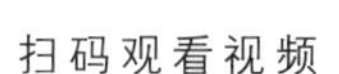

8.2.2 粉色薄纱服装绘制赏析

这套服装的绘制难点在于如何将腿部裙摆的薄纱感绘制出来。在给服装上底色之前，先给腿部上底色。衣身的褶皱和裙摆的褶皱形成的原因不同。衣身的褶皱要依据缝制效果进行绘制，有舍有得；裙摆的褶皱则要依据腿部的动态进行绘制。

8.3 渐变服装表现技法

在绘制渐变纱裙的时候要注意过渡自然，在画之前要观察好衣服颜色是如何过渡的，并且要表现出裙子的飘逸感和华贵感。

01 STEP

用自动铅笔绘制出清晰的线稿。纱裙要蓬起来，裙身廓形要柔和、自然。

02 STEP

用 COPiC 勾线笔勾线。注意服装颜色比较深，可以用黑色勾线笔勾线。

03 STEP

用马克笔给模特的皮肤和头发上色。模特整体造型华贵、清冷，可以在肤色中加入一些冷色，让模特的肤色更加自然、高级。

STEP 04
用马克笔将裙子的底色铺好，先不用管纱的部分。用马克笔的宽头塑造，让服装显得更加灵动。

STEP 05
先用马克笔画好第二层的阴影，然后再画出黑色的纱。注意一开始不要用最深的颜色上色，而是用浅灰色铺底色，再逐渐加深塑造。领口、袖子部分要用马克笔的软头画，笔触可以细一点。

STEP 06
加深纱的部分，越靠近褶皱处颜色越深，外边缘可以用黑色彩色铅笔勾边，但是不要从头勾到尾，保留纱的透气感。纱的高光部分要用白色彩铅大面积轻轻地铺色。最后在边缘处加上黄色的环境色即可。

8.4
呢料服装表现技法

01 STEP
用自动铅笔绘制出清晰的线稿。粗花呢面料一般都比较厚，不会产生过多的褶皱。

02 STEP
用 COPiC 勾线笔勾线。

03 STEP
用马克笔给模特的皮肤和头发上色。模特的发色偏金色，可用 E246、E247、E171 三种颜色的马克笔来表达。

04 STEP
用马克笔给服装和靴子上底色。其中，上衣用 R351、R143 两种颜色的马克笔来画纹样，不用去管上衣的黑白灰关系。裙子用 R356 号马克笔宽头来平铺底色。

STEP 05
用针管笔将上衣的肌理点出来，注意疏密关系，在亮的地方可以少点一些。裙子上用R356号马克笔的软头纵向点出一些粗花呢的肌理，用R358号马克笔的软头横向点出一些花纹。

STEP 06
用RV131号马克笔画出上衣的暗部，用Y338号马克笔画出环境色。用R143号马克笔加深裙子上纵向的肌理。再用BG83号马克笔画出裙子的明暗关系，暗部偏冷，亮部偏暖。最后用高光笔点出高光，裙子上可以多点一些高光，表现出其质感。

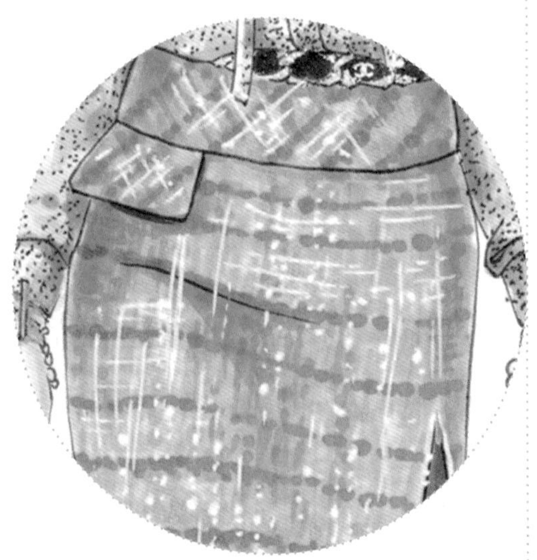

8.5
格纹服装表现技法

01 STEP
用自动铅笔绘制出清晰的线稿。服装整体廓形较大，面料柔软，褶皱会比较长。随后用 COPiC 勾线笔勾线。

02 STEP
用马克笔给模特的皮肤和头发上色，模特的发色偏浅，用 E425、E408、E427 三种颜色来表达。用马克笔将服装、围巾、鞋子、袜子的底色画好。注意区分服装和袜子的颜色，服装用 WG465 号马克笔来上色，袜子用 E124 号马克笔来上色。

03 STEP
加深服装颜色比较简单，该服装褶皱明显且明暗对比强烈，直接用 WG467 号马克笔去绘制。

04 STEP

绘制格纹。这种格纹的特点是三条单线交叉。用Y389号马克笔画出格纹线条，格纹随着服装褶皱发生变化，有的地方格纹线条已经看不到了，按照这种情况画出来的格纹会更加真实。围巾上的格纹直接用高光笔画出斜线，在交叉的方格处用高光笔进行填涂即可。

8.6 丹宁（牛仔）服装表现技法

01 STEP

用自动铅笔绘制出清晰的线稿，注意男性与女性的体型差别。

02 STEP

用 COPiC 勾线笔勾线。男性的头发用蓝色勾线笔进行勾线。女性的披肩是薄纱材质的，要勾出女性的胳膊。

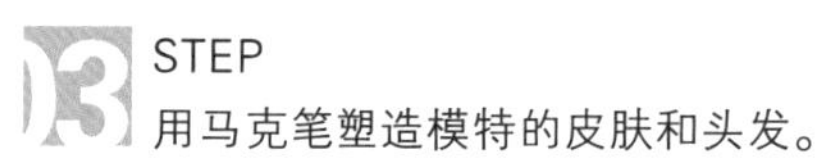

03 STEP

用马克笔塑造模特的皮肤和头发。

04 STEP

女性的披肩和男性的上衣用 B234 号马克笔进行平涂，女性的连衣裙和男性的牛仔裤用 BG93 号马克笔进行平涂，并用 YG28 号马克笔在裙子两侧、包袋和膝盖中间进行晕染，体现出水洗牛仔的感觉。

05 STEP

用 BG82 号马克笔加深服装颜色。牛仔服装的褶皱比较多，画的时候要有主有次，不能平铺直叙。

06 STEP

用 BG86 和 B308 号马克笔再次加深服装颜色。牛仔面料的深色不能选择饱和度太高的颜色，否则会显得很突兀。最后塑造铆钉饰品，再用高光笔进行提亮即可。

8.7
户外服装表现技法

户外运动装包括户外运动冲锋衣类服装、户外运动滑雪类服装、户外运动贴身类服装、户外运动抓绒类服装、户外运动羽绒服类服装……这类服装的廓形都比较宽大，在绘制的时候注意廓形的表达。

01 STEP
用自动铅笔绘制出人体及服装大致形状，注意服装面料之间的区别。羽绒服的廓形要画得大一些，整体比较饱满。包袋最低点与膝盖位置齐平。腿套要绑在腿上，不能画得太窄，要注意腿部结构的表达。

02 STEP
用 COPiC 勾线笔勾线。在勾羽绒服的时候用笔要松快，在勾缝纫线时，线条要断断续续、有节奏感。腿部装饰的褶皱不能画得太一致，要弯曲有变化。

03 STEP
用马克笔给模特的皮肤和头发上色。模特的面部和头发上要加橙色的环境色，发色整体偏黄。

04 STEP

用马克笔将服装大色铺好。整身服装都是橙色的，同色系套装要注意颜色之间的区分：衣服领子、袖口、腿套是较浅的橙色，内搭、外套、包袋、手套和鞋子是较深的橙色。

05 STEP

用马克笔画羽绒服的阴影。羽绒服的褶皱比较多，不要画乱套了。整体观察羽绒服的暗面，把羽绒服的阴影找出来后再画褶皱。

06 STEP

羽绒服部分的重色一定要深，这样才能把亮、灰、暗关系表现出来。腿套和包袋要分别加上冷色和暖色的环境色，后边的腿要加冷色，这样能让空间关系更明确。最后加上高光即可。

8.8 迷彩服装表现技法

迷彩是一种服装伪装方法。迷彩服纹路的颜色接近绿色，森林和草原等地区的环境色以绿色为主，士兵身穿迷彩服在这些地区执行任务时就起到了很好的隐蔽效果。迷彩服都是统一的绿色系，但要区分其明度和饱和度。

01 STEP

用自动铅笔绘制出清晰的线稿。在线稿绘制阶段就要把面料材质区分开：毛披肩的线条要柔和一些，金属配饰的线条要硬朗一些。

02 STEP

用 COPiC 勾线笔勾线，模特的脸部线条要细一些，毛披肩部分可以用樱花 BRUSH 勾线笔来勾线，注意线条的粗细变化和疏密关系。

03 STEP

用马克笔给模特的皮肤和头发上色，不要忘记给手部上色。这位模特的肤色比较健康，可以用 YR369 号马克笔来打底，整体阴影用 E 系列马克笔加深，眼睛部分可以省略。

04 STEP
用马克笔给服装上色，注意每种颜色的面积比例，配饰用黄色上底色。

05 STEP
用马克笔画第二层重色，后边那条腿的小腿部分用 CG271 号马克笔整体铺一遍，这样可以拉开其与前腿的空间感。重色可以统一用一种灰绿色来画，不用避开棕色部分。

06 STEP
配饰在点高光之前一定要加深到位，这样才能凸显高光的颜色。毛披肩的空间感要区分开，离身体越远的部分加入的冷色越多。在服装上描绘“MOSCHINO”这几个字母的时候要注意其会随着裤子的弧度发生变化。

8.9 中国风服装表现技法

中国风服装是以中国文化为基础，以中国元素为表现形式，将时尚元素与中国元素相结合，适应全球经济发展趋势的民族时尚服装。中国风服装有着独特的文化魅力和个性特征。

01 STEP 用自动铅笔绘制出清晰的线稿，将服装的纹样也一起画出来。

02 STEP 用 COPiC 勾线笔勾线，纹样部分用慕娜美勾线笔勾线。

03 STEP 用马克笔塑造出模特的皮肤和头发。该模特为亚洲模特，可以用偏黄一些的马克笔塑造皮肤。

04 STEP 这套服装的绘制难点在于纹样比较复杂，在绘制的时候同一种颜色要统一上色，这样会节省时间并且思路更清晰。

05 STEP
将纹样绘制好之后，用191号马克笔绘制背景，凸显出袖口和裙摆的白色毛毛。

8.10 中性风服装表现技法

中性风不仅是一种时尚、一种穿衣风格，它还代表着人们对独立和自由的追求。现在的人们越来越注重个人特色的发展，越来越忠于自己内心的想法。中性服装追求的是简洁、干净、明亮的设计。中性服装的颜色相对较为基础，以黑、白、灰为主。

01 STEP
用自动铅笔绘制服装大致的廓形，这种姿态的人体不用画得很完整，只需要将人体大致的姿态表达出来即可。

02 STEP
用 COPiC 勾线笔勾线。服装的线条比较长，可以分成几段去勾，但要保持线条的流畅。

STEP 02 细节图

03 STEP
用马克笔给模特的皮肤和头发上色。模特的整体造型温柔、知性，可以给她画些淡淡的腮红。头发在靠近脸庞的地方颜色要深一些。

04 STEP
用马克笔给衣服铺好底色，衣服整体颜色较为相近，注意区分。整体用马克笔的宽头去上色，发挥出马克笔塑造快速的优势。

05 STEP

用马克笔区分出服装的明暗关系。注意同一种颜色的空间关系，藏在衣服里的裤子的颜色要比领子的颜色浅一些。

06 STEP

重色部分的面积不要太大。整体服装的固有色是偏浅的，在画重色的时候不要破坏整体的色彩基调。要注意帽子上毛毛的塑造。马甲与外套交接部分的阴影要足够深，以此凸显内外服装之间的关系。秋冬服装比较厚，可以在服装边缘多画一些高光。

8.11
摇滚朋克风服装表现技法

摇滚朋克风服装多数采用皮革或皮草制作。常见女穿男装，并且佩戴金属类的饰品。着装风格可以反映人们的性格特点，喜欢摇滚朋克风服装的人们一般不喜欢大众化的事物，他们很有创造力，性格大都很叛逆，总是抗议着所有一切令其不满的事情。

01 STEP
用自动铅笔绘制出服装的大致形状。因为服装整体造型比较简单，所以用长直线概括即可，细节部分可以在第二步勾线的时候处理。

02 STEP
用 COPiC 勾线笔勾线，画毛毛的时候用笔要轻快一些，画出毛毛的质感。画鞋子的时候注意金属扣要匀称一些。

03 STEP
给模特的皮肤和头发上色。因为服装颜色为大面积的粉色，所以可以给模特画一些粉色的腮红和环境色，让整体更协调一些。

04 STEP
用马克笔给服装铺好底色，虽然毛毛大衣的颜色比较浅，但也要铺上底色。裙子要用四种颜色去晕染上色，这样会过渡得匀称、自然一些。

05 STEP

用马克笔画第二层重色。在画毛毛大衣的时候加上灰色的环境色，画面会更丰富。裙子的阴影和褶皱就用浅一点颜色去塑造。

06 STEP

继续塑造毛毛大衣，将阴影画得深一些。在裙子上画出动物皮毛纹路，纹路要随着裙子褶皱的起伏而变化。

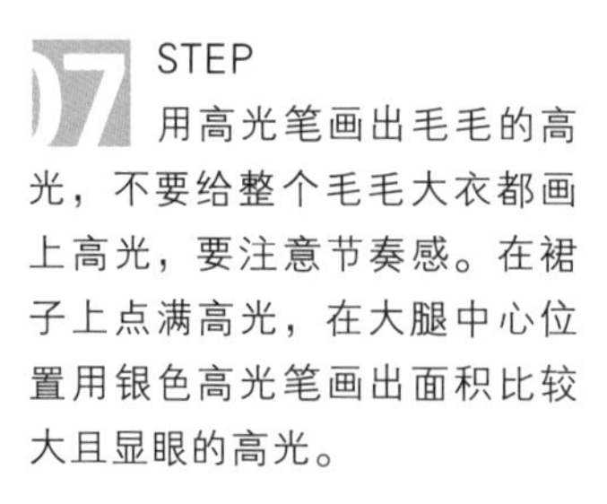

07 STEP

用高光笔画出毛毛的高光，不要给整个毛毛大衣都画上高光，要注意节奏感。在裙子上点满高光，在大腿中心位置用银色高光笔画出面积比较大且显眼的高光。

8.12 解构主义风格服装表现技法

解构主义作为一种设计风格兴起于20世纪80年代，但它的哲学渊源可以追溯到1967年。解构主义服装采用逆向思维进行设计，其将服装的基本构成元素进行拆分重组，形成突出的外形结构特征。解构主义已经席卷全球，这种不讲究线条、不符合常规的风格不断被人们认知和接受。

01 STEP 用自动铅笔绘制出清晰的线稿。服装袖口处的褶皱较多，要概括着画出来。

02 STEP 用COPiC勾线笔勾线，手套用慕娜美橙色勾线笔勾线。

03 STEP 用马克笔塑造出模特的皮肤和头发。

04 STEP

将服装的底色铺好，风衣用C272号马克笔上色，裤子与上衣颜色区分开，用CG270号马克笔上色。服装的颜色较多，注意颜色的面积、比例关系，平铺即可。

05 STEP

用比底色深一点的颜色画出服装的暗面和褶皱。风衣袖子部分的褶皱多，衣身下摆部分的褶皱少，要注意节奏感。

06 STEP

最后用更深的颜色加深服装，绘制出手套的纹理，将服装的缝纫线用高光笔绘制出来，再点上高光即可。

8.13 超现实主义风格服装表现技法

超现实主义是第一次世界大战后在法国文化领域兴起的反对传统资本主义文化思想的文艺运动。超现实主义服装造型奇特、夸张，服装面料常常使用非传统面料，或对传统面料进行再造。如在面料上喷漆，使面料具有“太空”感；给面料打蜡；将面料压褶；等等。

8.13.1 马丁马吉拉服装绘制

01 STEP
用铅笔画出服装的大致形状。注意服装的穿插关系，此套服装具有解构主义的特点，要画出服装的结构。

02 STEP
用 COPiC 勾线笔勾线，衣服上的格纹先不用管。

03 STEP
用马克笔给模特的皮肤和头发上色。眼镜是透明的，会透出肤色。头发用 E246 号马克笔画出金色的效果。

04 STEP

这套服装的色彩关系比较简单，上色比较容易。用Y2号马克笔画出黄色部分，用CG268号马克笔画出褶皱部分。

05 STEP

用Y4号马克笔画出上半身衣服的阴影。用R147号和CG270号马克笔画出格纹。此步不用管大的明暗关系。

06 STEP

用Y422号马克笔画出颜色最深的部分。因为固有色比较浅，所以深色部分面积不能太大。格纹部分用WG465、WG467号马克笔加强明暗关系。用R215号马克笔让红色格纹的饱和度更高一些，用R140号马克笔在红色格纹的最深处画出阴影。格纹最深的地方用SG479号马克笔来塑造。鞋子没有特殊的地方，其图案用丙烯马克笔来塑造就好。

8.13.2 超现实主义长披风绘制赏析

这套服装的绘制难点在于服装上的图案比较写实，在绘制图案的时候要掌握好各个部分的比例关系，避免画得太抽象。

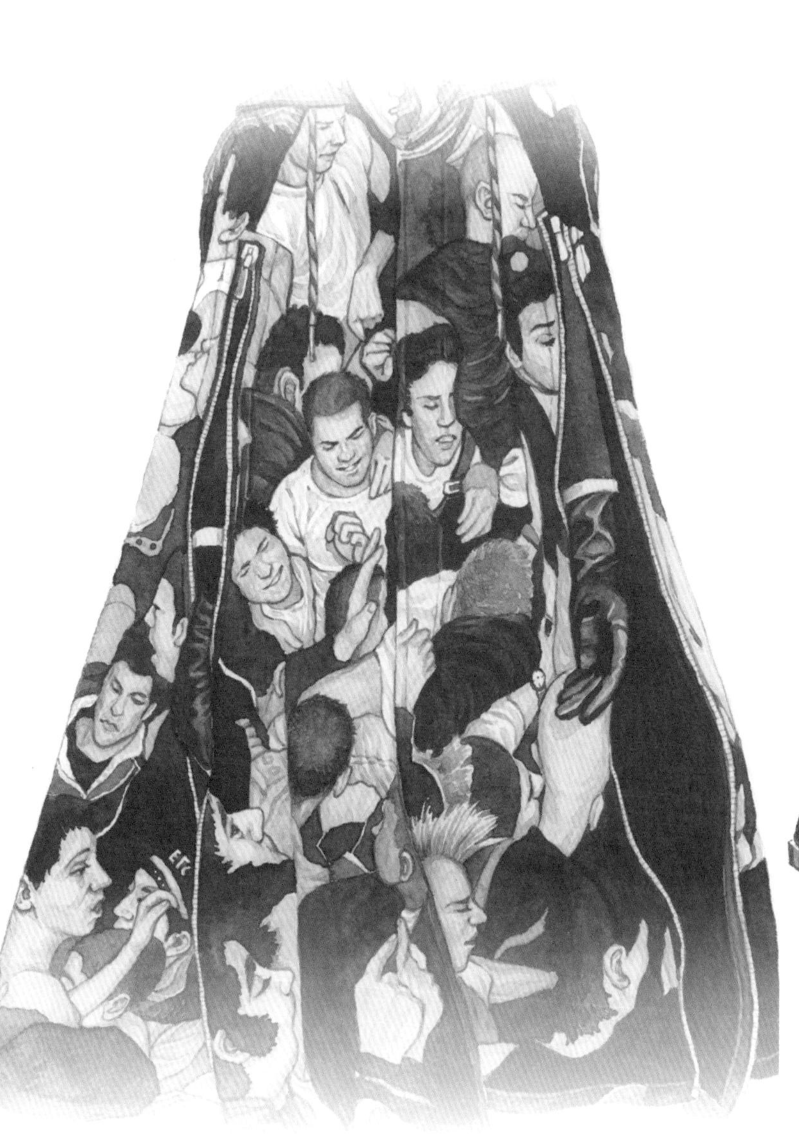

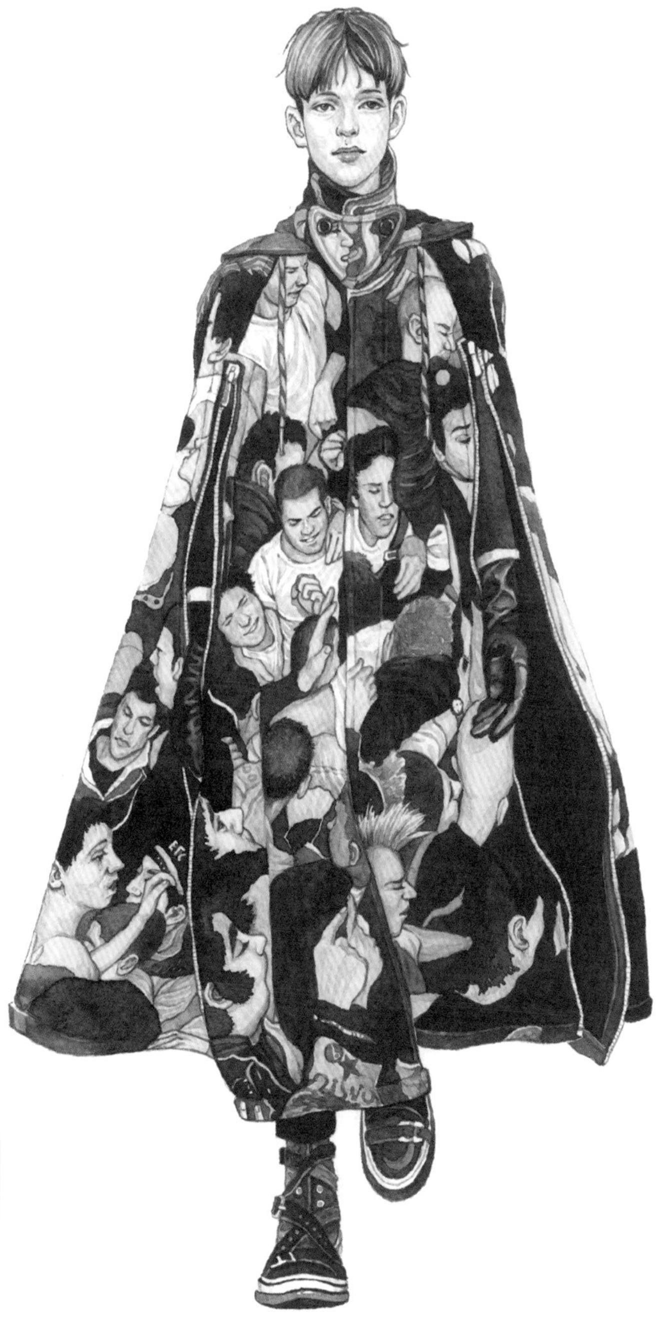

8.14 未来主义风格服装表现技法

8.14.1 科学怪人主题服装的绘制

未来主义风格服装迎合未来主义表现速度和创新的理念，号召人们摒弃传统暗淡的色彩、呆板的线条，取而代之以鲜明的色彩、富有动感的线条。未来主义风格服装在设计上往往会使用较为鲜艳的颜色，在造型上也会较为夸张。

01 STEP 用自动铅笔绘制出线稿。注意配饰的处理。因为整体服装的层次较多，而且固有色为深色，不好区分，所以需要对线稿做一些主观处理。

02 STEP 用COPiC勾线笔勾线，在画包带的时候线条要匀称一些，不用追求粗细变化。上衣的图案用慕娜美彩色勾线笔勾线。

03 STEP 给模特的皮肤和头发上色，头发的高光比较亮，可以先画出深色部分，高光部分的面积不用太大，对比越明显，高光越亮。上衣是蓝色的，脸上可以加一些蓝色的环境色。

04 STEP 用马克笔给服装铺好底色，装饰和服装在这一步就分好深浅关系，不要画得太混乱。

05 STEP 用马克笔画第二层重色，画的时候注意裙子图案的白色部分也要随着褶皱加阴影。绿色长袖打底毛衣的颜色可以稍深一点，整体不会突兀。

06 STEP

继续塑造并且加重深颜色。因为服装整体款式较简单，所以服装上的图案要塑造得细致一些。打底毛衣袖子外边缘的毛线感用浅绿色表达出来。最后在受光处点上高光即可。

8.14.2 双人男性可持续面料服装绘制赏析

这套服装设计效果图中模特的动态比较大，绘制难点在于模特动态的表达。

给连体裤上底色，需要增加色彩的对比度去表达相同颜色服装的关系。外套是塑料质感的，能透出一部分内搭的色彩，要随服装褶皱进行绘制。透明塑料外套不要直接用灰色上色，而要用环境色来进行塑造。后边模特的塑料外套整体偏冷，前边模特的塑料外套整体偏暖。

8.15
环保主义风格服装表现技法

环保主义风格服装以保护人类身体健康，使其免受伤害为目的，并具有无毒、安全的优点。使用和穿着环保主义风格服装会给人舒适、松弛、回归自然、消除疲劳、心情舒畅的感觉。

01 STEP

用自动铅笔绘制出清晰的线稿。整体服装造型比较柔和，线条可以画得有粗细变化。

02 STEP

用 COPiC 勾线笔勾线，画清楚围脖的穿戴关系，重叠处的线条可以加粗。

03 STEP

用马克笔给模特的皮肤和头发上色，头发用较为俏皮的黄棕色系颜色上色。

04 STEP

用马克笔将服装大色调铺好，鞋子的颜色要深一些。

05 STEP

用马克笔画出服装的阴影和褶皱。注意蓝色衣服被围脖挡住一部分，颜色整体要深。小腿部分带动服装向后走，要有动态褶皱。在胳膊交叠处和下摆处要大面积加深绿色外套的颜色。

06 STEP

用马克笔加深服装的深色部分，面积不用太大，在加深完成后再画纹样。

07 STEP

围脖部分的纹样用丙烯马克笔直接画出来，注意纹样随着褶皱的变化而变化。衣服上的纹样用马克笔和高光笔进行绘制，两侧胳膊和下摆处的纹样要用颜色深一号的马克笔绘制。最后给整体加上高光，在服装两侧扫上环境色即可。

8.16
国内民族风服装表现技法

敦煌是丝绸之路的节点城市，以“敦煌石窟”“敦煌壁画”闻名天下。敦煌是多种文化碰撞与融汇的交叉点，中国文化、印度文化、希腊文化、伊斯兰文化在这里相遇。敦煌是艺术的殿堂。那些公元 4~11 世纪的壁画与雕塑，带给人们极具震撼力的艺术感受。敦煌又是文献的宝库。一提到国内民族文化，就少不了敦煌文化。

01 STEP

用自动铅笔绘制出清晰的线稿。服装袖口处的褶皱较多，需要概括着画出来。

02 STEP

用 COPiC 勾线笔勾线。用马克笔塑造出模特的皮肤和头发。

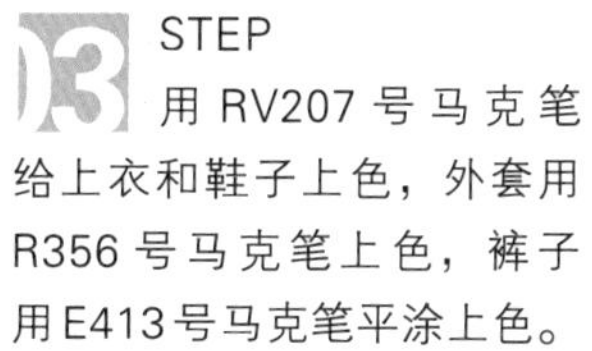

03 STEP

用 RV207 号马克笔给上衣和鞋子上色，外套用 R356 号马克笔上色，裤子用E413号马克笔平涂上色。

04 STEP

画纹样之前要将服装的褶皱和明暗关系塑造好，上衣和鞋子用 RV205 号马克笔加深，裤子用 E414 号马克笔加深。

05 STEP

最后将具有敦煌文化特色的纹样进行创新设计后绘制到服装上。

8.17 国外民族风服装表现技法

在绘制国外民族风服装的时候要注意其明显的服饰特征，比如其经典纹样和配色。由于涉及宗教信仰，在没有进行调研的情况下不要随意篡改国外民族风服装的纹样和配色。

8.17.1 巴基斯坦民族服装的绘制

01 STEP 在人体动态的基础上画出服装的轮廓。

02 STEP 用 COPiC 勾线笔勾线，注意服装重叠部分要加粗。

03 STEP 给模特的皮肤和头发上色。

04 STEP 用马克笔将服装大色铺好。在绘制裙子上的图案时可以先画浅色部分，再用深色铺裙子的剩余部分，这样可以保证裙子图案的呈现效果。

STEP 05

深入刻画。用马克笔加深服装的颜色，塑造出上衣的皮质质感，注意披肩的下半部分要有半透明的感觉，花蕊部分要塑造出形状来。

STEP 06

进一步加深深色部分，增强画面对比度。用金色高光笔画出项链上的高光和腰带、裙摆上的纹样，用白色高光笔画出披肩上的纹样和裙子上的高光。

8.17.2 波西米亚风服装绘制赏析

这套服装的绘制难点在于纹样是平铺在外套上的，如果要将外套的体积感绘制出来，则需要将纹样的阴影绘制好，需要有耐心。在绘制的时候，相同颜色的部分一起画，这样会节省很多时间。

8.18 装饰艺术风格服装表现技法

装饰艺术是出现在 5-6 世纪的中国和 17-18 世纪的西方的关于工艺设计与结构的传统艺术，是观赏性大于功能性的艺术。现代不乏用色大胆的设计师以装饰艺术运动带来的独特色彩体系作为服装设计配色的灵感，将其与服装图案有机结合进行创新设计，使服装设计作品趣味十足，富有文化内涵和艺术情感。

01 STEP
用铅笔画出服装的造型，裙摆要飘逸一些，人体形态要准确。

02 STEP
用COPiC勾线笔勾线，勾人体的时候用笔要柔和，鞋带的穿插关系要掌握好。

03 STEP
用马克笔给模特的皮肤和头发上色，薄纱部分的人体要塑造好。

04 STEP
用 RV340 号马克笔扫出服装底色，用 BG83 号马克笔铺手套的底色，用 E124 号马克笔画鞋子的底色。

05 STEP

薄纱面料在堆积比较多的地方颜色会浅一些，用 RV216 号马克笔画出身体侧边及裙子的褶皱，用 BG82 号马克笔塑造手套的体积感，鞋子的颜色比较浅，用 WG465 号马克笔上第二层色就行。

06 STEP

用 V331 号马克笔增加服装的体积感和色彩丰富度，最深的地方用 RV205 号马克笔上色。蕾丝不用画得很精致，只需要将大体感觉描绘出来即可。用 BG88 号马克笔加深手套最外侧。前侧鞋子用 WG467 号马克笔进行加深。接着用 Y388 号马克笔点缀环境色，用银色高光笔画出饰品的金属感。最后用白色高光笔将蕾丝勾勒出来。

8.19
波普艺术风格服装表现技法

波普艺术是一种源于商业美术的艺术风格，其特点是表现大众文化的一些细节，比如将连环画、快餐形象及印有商标的包装进行放大并复制。波普艺术于20世纪50年代初期萌发于英国，后于20世纪60年代中期传至美国，并且代替了抽象表现主义艺术，成为美国主流的前卫艺术。

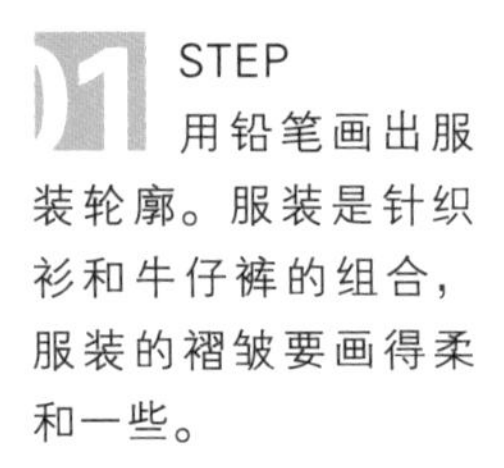

01 STEP

用铅笔画出服装轮廓。服装是针织衫和牛仔裤的组合，服装的褶皱要画得柔和一些。

02 STEP

用COPiC勾线笔勾线。给模特的皮肤和头发上色。头发整体偏黄棕色，用E409、E168、E420号马克笔上色。

03 STEP

上衣的固有色饱和度较高，可以先用颜色浅一点的YR372号马克笔铺底色。牛仔裤用B245号马克笔上色，牛仔裤上的补丁用不同颜色的马克笔上色。

04 STEP

用马克笔塑造服装的褶皱和明暗关系。上衣部分的褶皱用YR403号马克笔来塑造，牛仔裤的阴影用B114号马克笔来塑造。

05 STEP
用马克笔加深服装的褶皱。画出上衣领子、袖口、下摆上的条纹，画出裤子和包袋上的缝纫线，最后点上高光即可。

8.20 一片式裙子表现技法

一片式裙子起源于古典汉服的襦裙，是典型的传统风格服装，较为精致的一片式裙子会更加容易展现出女性优雅的气质。这类服装的设计可以完美地展现出女性的身形与腰线，其优雅大方的风格在传统服装穿搭中更具有美感。

01 STEP
用铅笔画出服装的大致形状，注意裙摆的位置在虎口以下，袖子和裙身上有结构线。

02 STEP
用COPiC勾线笔勾线，裙子要画得飘逸一些。

03 STEP
用马克笔塑造好模特的头部和四肢，这个模特的腿部骨骼感较强，使用的颜色的对比度要高一些。

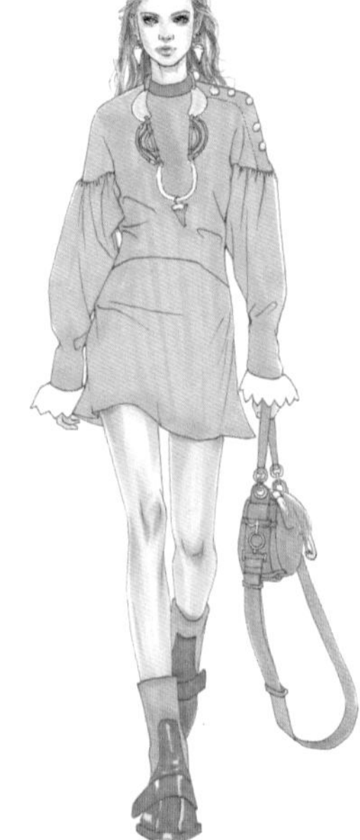

04 STEP
用YR213号马克笔平铺服装底色，饰品分别用E425、YR366、B241和R351号马克笔铺色。包袋用偏红棕的颜色去上色。

05 STEP

用 YR214 号马克笔画出裙子的暗部和褶皱，其颜色趋近于裙子的固有色，使用的面积可以大一些。服装底色可以用 YR213 号马克笔宽头多扫几遍，使颜色变得柔和。袜子用 YR273号马克笔画出组织结构，注意近大远小的关系，越往两侧条纹越密。包袋在上色的时候过渡自然一些就好。

06 STEP

用 YR154 号马克笔绘制裙子颜色最深的地方。在黑白灰关系全部处理好之后再去画服装的暗纹。暗纹不是很明显，其颜色要暗于服装的固有色。用 YR403 号马克笔画完纹样后，再用 YR156 号马克笔将纹样的暗部画出来，增加整体的丰富度和细节感。最后用高光笔将饰品和服装的亮部点出来。

8.21 夸张服装表现技法

夸张手法是服饰设计中常见的艺术创作手法和表现形式，主要用在服装的外轮廓和细节造型设计中。通过放大服装的大小以及突出服装部分结构的比例等方式体现出服装与人体之间造型及空间关系的形式美感。这种手法在服装设计中有着极大的创作空间和研究价值。

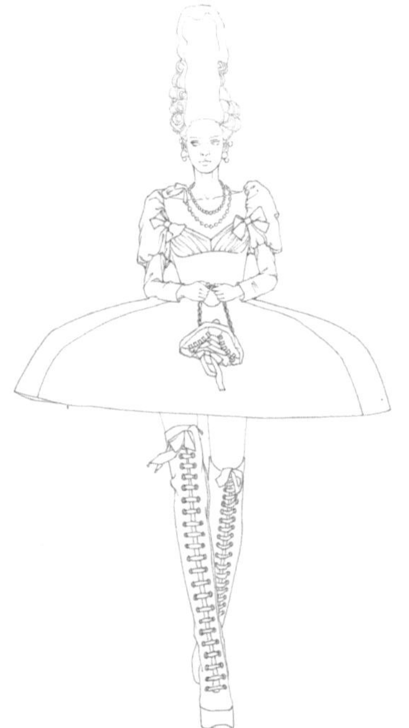

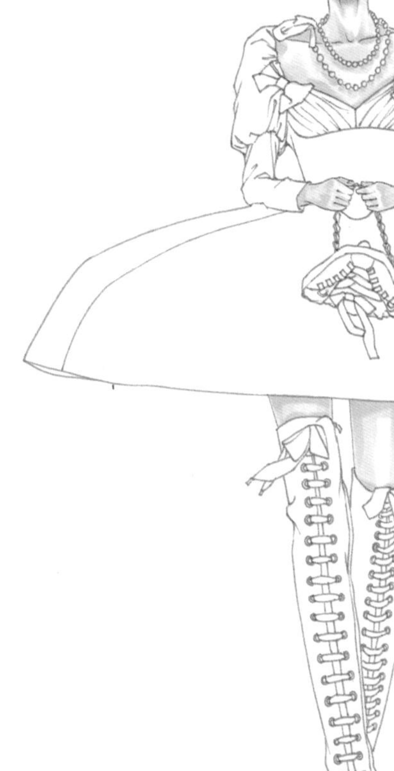

01 STEP

用铅笔画出服装的大致形状。模特的发型很高，大概是 1.5 个头长，在画之前要留出足够的空间，裙子的宽度差不多是 5.7 个头长。

02 STEP

用 COPiC 勾线笔勾线。

03 STEP

用马克笔塑造好模特的皮肤和头发。这个模特画了全包眼线，我们可以用 0.03mm 黑色勾线笔来塑造。

04 STEP

这套服装是丝绒材质的，服装的黑白对比要稍微强烈一些。底色可以用 V206 号马克笔来画，画的时候要注意留白。留白的地方我们后续用 V330 号马克笔去填充，画出丝绒的质感。鞋子的颜色比裙子的颜色深，用 RV342 号马克笔上色。

05 STEP

裙子处在躯干两侧的面料偏紫，用 BV108 号马克笔来加深裙子颜色最深的部分。鞋子的过渡色选择 RV204 号马克笔来画。

06 STEP

在塑造完服装的黑白灰关系之后再添加纹样。纹样的颜色比较多且杂，概括着去画即可，用 RV205、E134、YG452、YG453、YR393 号马克笔去表达。鞋子的对比度高，可以用 RV205 号马克笔去加深。最后点上高光即可。

8.22
oversize 西装表现技法

oversize 的衣服最早起源于欧美，最初被认为是“懒人风”或“沉闷风”的一种延伸。与传统的紧身或合身的服装相比，oversize 的衣服更加宽松、宽大，穿上它们会让人拥有轻松、自在的感觉。oversize 的衣服最为突出的特点就是宽松，在服装裁剪上比较宽大。在面料的选用上，大多数 oversize 的衣服选用柔软、舒适的面料，如棉、麻、丝等，这些面料不仅具有良好的透气性，还具有很好的柔软性和舒适度，更加符合现代人对时尚和舒适的追求。

01 STEP 用铅笔画出服装的造型，注意服装的肩宽与人体之间的关系。这位模特的头呈俯视角度，注意三庭之间的比例关系，并且耳朵的位置要往上移动。

02 STEP 用 COPiC 勾线笔勾线，整体的线条可以硬朗一些。

03 STEP 用马克笔将模特的皮肤和头发塑造好。

STEP 04

西装外套的固有色较深，用B242号马克笔铺底色。里面的西装可以先用CG270号马克笔绘制出较浅的色块。裤子的固有色是黑色，但是在服装设计效果图中可以用SG447号马克笔上色，整体画面会更透气。

STEP 05

用勾线笔将领带的格纹绘制出来，用B243号马克笔去加深塑造外套，用CG272和CG273号马克笔去补充内搭西装没有画出来的色块。用SG479号马克笔画出裤子的阴影。

STEP 06

最后整体加深深色部分。外套用B245号马克笔加深，应用的面积要小一些。裤子和鞋子可以用CG273号马克笔去塑造颜色最深的部分。皮质鞋子的黑白灰色块之间要区分明显一些。在黑白灰关系都处理好后，用樱花高光笔点出内搭西装的亮片，区域不用太大，只点缀在最亮的地方即可。

8.23 亚文化服装表现技法

亚文化通常是指种种非主流、非大众的文化，体现为某些特定年龄、特定人群、特定职业、特定身份、特定生活圈子和生活状态的特定文化形式、内容和价值观。亚文化穿搭在配饰、服装廓形、服装纹样上比较小众。

01 STEP

用铅笔绘制出清晰的线稿。由于外套是半吊在小臂上的，所以要画清楚袖子和胳膊之间的关系。衣摆拖地，要绘制出服装在地上拖着的感觉。

STEP

用COPiC勾线笔进行勾线。

03 STEP

给模特的皮肤和头发上色。模特的发色挑染了绿色，可以用绿色的马克笔进行渲染。

04 STEP

用 RV138、SG477、V119 号马克笔给服装进行大面积铺色，用马克笔宽头即可。

05 STEP

用 RV136 号马克笔绘制粗花呢纹理，用 SG479 号马克笔绘制出衣服内里的褶皱。用 V126 号马克笔进行大面积加深，画出褶皱。

06 STEP

根据服装的特征，用高光笔绘制出格纹，并继续加深塑造裙子的褶皱关系。用 BV195 号马克笔绘制紫色内里颜色较深的地方。由于服装的颜色不多，所以在绘制褶皱的时候尽可能地用色相相差不大但又有区别的颜色。最后用 0.03mm 的勾线笔绘制出渔网袜。

8.24 街拍服装表现技法

街头摄影作为纪实摄影的一种，已经逐渐延伸到社会生活中的各个领域， 同时也逐渐成为重要的生活方式之一，在一定程度上对社会的改革以及社会的进步起着重要的作用。不同时代的街头摄影会体现出不同的穿衣风格。而纪实摄影的目的就是要对真实的世界予以真实的表现，从而引起人们的关注，并产生一定的感悟，同时还将记录一些具有个性的文化，留下宝贵的财富。

01 STEP 用铅笔绘制出模特的动态及服装。要把握好模特的动态特征，找准重心所在的腿，防止模特重心不稳。画好动态是画好人物的关键。胯部顶起的那一条腿是重心所在的腿。

02 STEP 绘制水彩效果图可以不勾线，但前提是线稿要干净。调出相应的底色进行铺色，在绘制底色的时候要根据光源的不同去增加环境色，体现出水彩颜料的特质。

03 STEP 加深服装褶皱，绘制出人物的五官。褶皱要绘制得生动一些，整体色彩搭配要体现出近暖远冷的感觉。

04 STEP 将服装边缘加深，让人物更清晰。注意服装边缘的线条不能用黑色勾。处理好裤腰上的螺纹部分，注意近大远小的空间关系。最后将服装颜色加深，让服装更为立体。

STEP 01

用铅笔绘制出模特的动态及其所穿的服装。要把握好模特的动态特征。画好动态是画好人物的关键。

STEP 02

将模特及其所穿的服装、鞋子的底色绘制出来，在绘制底色的时候要根据光源去增加环境色。虽然衬衫的固有色是白色，但是也要注意将其明暗关系表达出来。

STEP 03

根据服装的受光情况来绘制其阴影，外套的右侧比左侧的颜色深一些，尤其是袖子和衣身交界处的颜色最深。裤子则是左侧比右侧的颜色深。鞋子的结构也要在这一步绘制出来。

STEP 04

根据人体结构和服装褶皱绘制外套上的条纹。衬衫虽然是纯白色的，但不要用白色、灰色进行绘制，否则整体色彩会极其单一。

8.25
蕾丝服装表现技法

此套黑色蕾丝薄纱长裙的绘制难点在于服装颜色单一，塑造的时候很容易画得沉闷，要用不同的色彩去进行塑造。蕾丝部分的纹样较细，绘制时要有耐心，并且要详略得当。

8.26
风衣表现技法

此套 Burberry 风衣的绘制难点在于服装的结构比较严谨，缝纫线较多，大家容易忽略。而且服装的颜色较单一，容易让人忽略色彩的变化。在绘制的时候要注意环境色的搭配和考究的服装结构。

8.27
印花服装表现技法

此套 JACQUEMUS 休闲装的绘制难点在于服装的光影感比较强烈，裤子上的印花是平铺的，会随着裤子的褶皱而产生变化。在绘制的时候可以大胆进行光影效果的处理。裤子上的纹样则需要进行主观处理，不需要全部画上去。在绘制的时候注意观察纹样的大小关系和疏密关系。

8.28
复古风格服装表现技法

此套 Gucci 复古西装的绘制难点在于西装外套的纹理和漆皮裙的表达。西装外套的纹理可以在塑造好服装的明暗关系之后借助彩色铅笔进行表现。漆皮裙则要提前留好高光的部位，最后再用高光笔进行绘制，高光要有大有小。

结束语

CONCLUSION

通过学习本书，我们希望您已经掌握了服装设计手绘的精髓，并对服装设计这一充满创意与魅力的行业有了更深入的了解。通过本书的介绍和讲解，我们希望激发您对服装设计手绘的兴趣和热情，希望本书能帮助您在这条充满创意与激情的道路上不断前行。

我们希望本书不仅仅是一本教科书，更是一本能够激发您创作灵感和启迪您设计思维的宝典。在学习手绘的过程中不免要借鉴不同老师的手绘作品，通过阅读本书，我们希望您能够逐渐形成自己的设计风格和理念，并在实践中不断探索和创新。

一、温故而知新：在结束本书的学习之前，我们邀请您驻足，一同回顾所学的知识和技巧，感受那字里行间的墨香与灵感，并且犹如品茗一般，慢慢回味每一章的甘甜与苦涩，每一幅作品的优点与不足。通过这样的回顾与总结，您将更好地巩固所学内容，深入理解服装设计手绘的精髓。同时，也请您正视自己的不足，以明晰未来的学习方向，更好地在设计的道路上前进。愿您以谦虚的心态，继续探索、不断进步，成为更好的自己。

二、持续学习的态度：时尚是不断变化的，新的流行趋势和设计理念层出不穷。因此，持续学习对于一个服装设计师来说至关重要。我们建议您在掌握本书所提供的知识和技巧的基础上，继续关注时尚界的动态，学习最新的设计理念和技术。通过参加专业培训、阅读行业杂志、关注知名设计师的作品等方式，不断提升自己的专业素养和竞争力。同时，也要学会从日常生活中汲取灵感，观察各种不同风格的服装搭配和细节处理方式，为自己的创作积累更多的素材和思路。

三、保持探索与创新：创新是时尚产业的生命力所在。作为一名服装设计师抑或服装设计入门学生，您需要时刻保持探索和创新的精神，勇于尝试新的设计理念和风格。不要局限于某一种绘画技巧或设计思路，要敢于挑战自己，尝试不同的材料、工具和表现方式。同时，也要关注科技的发展和新兴材料的出现，将传统工艺与现代技术相结合，创造出独具特色的作品。通过不断的探索与创新，您将为自己的职业生涯注入源源不断的活力，并走在时尚的前沿。

最后，我们衷心祝愿您在未来的服装设计领域取得卓越的成绩。愿您的设计作品引领潮流，愿您成为时尚界的璀璨明星。我们也期待在未来的日子里与您共同交流和成长，共同探索时尚的无穷魅力。

新蕾艺术考研 / 邹雨萌

北京服装学院服装艺术与工程学院服装与服饰设计专业

小红书 / 抖音 / 微博：小葵学姐的手绘日记

国内知名
艺术考研机构

北京地区首屈一指、国内知名的艺术设计考研品牌和机构。

万学·海文
考研战略合作伙伴

与万学·海文签订战略合作协议，作为海文考研艺术类专业培训指定合作机构。

荣誉与奖励
多年奖项

连续多年获得“十大影响力美学机构”“设计美学之星”等荣誉与称号。

11+ | YEARS: 2012年新蕾艺术成立

3000+ | CASES: 累积助力3000+考生上岸

6+ | SYSTEMS: 六大多维服务体系

100+ | TEACHERS: 汇集国内外名校师资

700W+ | FANS: 知名IP，全网700万粉丝

3+ | CAMPUS: 三处教学基地，独立稳定

2012 年新蕾艺术学院正式成立，历经十余年，方才有此小小成就。作为享誉国内的艺术设计教育机构、艺术考研品牌的佼佼者，新蕾艺术学院始终专注于艺术设计考研、留学及美育教育，十余年间助力 3000 多名考生考研成功，以显著的成绩、良好的口碑，培养出一批批学之骄子，为国内外知名艺术设计院校输送了大量人才，连续多年获得“十大影响力美学机构”“设计美学之星”等荣誉与称号，成为艺术设计类学子考研、留学的择优之选。

新蕾艺术学院始终秉承“照亮希望，搏梦远航”的教育理念和发展宗旨，助力所有怀揣梦想并努力奋斗的莘莘学子，为他们提供优质的教育资源和精英式的艺术设计教育服务，高端学历与职业提升整体解决方案，以及考研、留学、就业的全过程培养。新蕾艺术学院已创立海淀学院总部，重点打造集吃、住、学于一体的高端教学基地，目前在北京已有朝阳、昌平、海淀三个教学培训基地，配套设施完善，服务与保障健全，提供优越的封闭式学习和生活环境。新蕾艺术学院聚合雄厚的师资力量，汇集清华大学、中央美术学院、伦敦艺术大学、皇家艺术学院等国内外名校师资，令学生更加具备国际化的视野和思维，拥有百余位国内外重点院校全职或兼职的具有博士、硕士学位的教师及服务保障团队，建立了成熟的教研体系、完善的教学体系与贴心的督学体系，让学生从这里踏上名校之路，从这里步入理想院校。